Die Bedeutung der deutschen elektrotechnischen Spezialfabriken für Starkstrom-Erzeugnisse und ihre Stellung in der Elektro-Industrie

Von

Dr.-Ing. **D. Blumenthal**

Springer-Verlag Berlin Heidelberg GmbH

1915

ISBN 978-3-662-24232-2   ISBN 978-3-662-26345-7 (eBook)
DOI 10.1007/978-3-662-26345-7

Inhaltsverzeichnis.

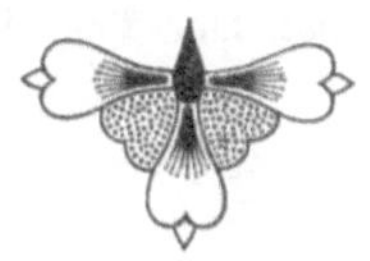

Literaturnachweis.

M. NOCHIMSON   Die elektrotechnische Umwälzung, Zürich 1910, E. Speidel.

EMIL KRELLER   Die Entwicklung der deutschen elektrotechnischen Industrie und ihre Aussichten auf dem Weltmarkte, Leipzig 1903, Duncker & Humblot.

ROB. LIEFMANN   Kartell und Trust, Stuttgart 1910.

TSCHIRCHKY   Kartell und Trust, Berlin 1911.

E. H. GEIST   Der Konkurrenzkampf in der Elektrotechnik und das Geheimkartell, Leipzig 1911.

WALDEMAR KOCH   Konzentrationsbestrebungen in der Elektrizitätsindustrie, München-Berlin 1907.

G. DETTMAR   Die Elektrizität im Hause, Berlin 1911, Jul. Springer.

ERICH NOETHER   Vertrustung und Monopolfrage in der deutschen Elektrizitätsindustrie, Mannheim 1913.

OTTO VENT   Die Metalldrahtlampe, eine technisch-wirtschaftliche Studie, Berlin 1913.

Handbuch der Aktiengesellschaften 1912/13 und 1913/14.

Normalien, Vorschriften und Leitsätze des Verbandes Deutscher Elektrotechniker, Berlin 1913, Jul. Springer.

Monatliche Nachweise des Ausfuhrhandels des Deutschen Reiches.

Statistik der Berufsgenossenschaft für Elektrotechnik und Feinmechanik.

Petitionen und Denkschriften der wirtschaftlichen Interessenverbände der elektrotechnischen Spezialfabriken und Elektro-Installateure, Handwerks- und Handels-Kammern an die Regierungen — Verhandlungen des Gewerbe- und Handwerkertages — Reichstags- und Landtagsverhandlungen — Verordnungen der Regierungen an die Kreise und Gemeinden.

Geschäftsberichte, Kataloge und Broschüren elektrotechnischer Firmen.

Periodische Zeitschriften:
Elektrotechnische Zeitschrift, Zeitschrift des Vereines Deutscher Ingenieure, Elektrotechnischer Anzeiger, Sozialistische Monatshefte, Dokumente des Fortschrittes, Die neue Zeit, Deutsche Exportrevue, Zeitschrift für Kommunalwirtschaft und Kommunalpolitik, Kommunale Rundschau, Zeitschrift für Handelswissenschaften.

Tageszeitungen:
Kölnische Zeitung, Kölnische Volkszeitung, Frankfurter Zeitung, Berliner Tageblatt, Die Post, Der Tag, Vossische Zeitung.

I. Einleitung.

Entwicklung, Bedeutung und Tendenzen der deutschen Elektro-Grossfirmen sind in den letzten Jahren, besonders in Verbindung mit der Frage der „Vertrustung der Elektro-Industrie" häufiger zum Gegenstand von Abhandlungen gemacht werden. Dass die umfassende elektrotechnische Spezialindustrie in Deutschland in diesen Schriften entweder gänzlich vernachlässigt, oder nur so nebenher, als von den Grosskonzernen völlig abhängig, also ohne eigenen Willen, erwähnt wird, ist psychologisch leicht verständlich, denn bei der gewaltigen, unsere gesamte Kultur beeinflussenden Elektrisierung des Wirtschaftslebens wird die emsig im Stillen schaffende Spezialindustrie, die nicht wie die Grosskonzerne finanzierend und gründend hervortreten kann, leicht übersehen. Es gilt also hier eine recht fühlbare Lücke auszufüllen. Zu sehr ist die Elektrotechnik bisher unter den gewiss wichtigen Gesichtspunkten der Gründung und Finanzierung behandelt worden; die vorliegende Arbeit wird sich mehr mit den fabrikatorischen Grundlagen beschäftigen und sich in die vielen elektrotechnischen Sondergebiete vertiefen, ihren Produktions- und Absatzverhältnissen, sowie ihrer Stellung innerhalb des grossen Gesamtgebietes der elektrotechnischen Produktion nachgehen. Diese Stellung wird den Spezialfabriken aber — darüber dürfte kein Zweifel walten — von den beiden mächtigen Konzernen, der Allgemeinen Elektrizitäts-Gesellschaft und den Siemens-Schuckert-Werken angewiesen, denn diese beherrschen mit ihrer ins gigantische gesteigerten, die gesamten Spezialfabrikate umfassenden Erzeugung, dem ihnen verbündeten Grosskapital und dem grossen Kranze ihrer Tochtergesellschaften den Markt derartig, dass sich die Spezialindustrie, obwohl technisch und wirtschaftlich durchaus auf eigenen Füssen stehend, nach ihnen orientieren muss. Der erste Teil der Studie wird sich daher in gedrängter Form mit dem Aufbau der beiden Grossfirmen, ihrer

Finanz- und Gründungspolitik beschäftigen, um eine für unser eigentliches Thema geeignete Plattform zu gewinnen. Haben wir in dieser Weise den gesamten Machtbereich der Gross-Konzerne dargestellt, dann ist unsere eigentliche Aufgabe, Bedeutung und Stellung der Spezialindustrie innerhalb des Gesamtorganismus der Elektrotechnik zu erfassen, in einfacherer Weise zu lösen.

Im Titel der Arbeit ist bereits zum Ausdruck gebracht, dass sie sich nur mit der Starkstrom-Industrie beschäftigen will. Die Entwicklung der Schwachstrom-Technik ist abseits von derjenigen der Starkstrom-Technik und in viel ruhigeren Bahnen verlaufen; die elektrotechnischen Probleme der Gegenwart gehören sämtlich der Starkstrom-Industrie an, und die Darstellung gewinnt an Einheitlichkeit und Klarhiet, wenn wir uns diese Beschränkung im Stoff auferlegen.

II. Die elektrotechnischen Grossfirmen.

a) Ihre Fabrikations- und Verkaufsorganisation.

Die elektrotechnische Grossindustrie in Deutschland verkörpert sich heute, nach wechselvollen Jahren der Fusions- und Konzentrationsvorgänge, vor allem in zwei Firmen, Allgemeine Elektrizitäts-Gesellschaft und Siemens-Schuckert-Werke G. m. b. H., im Folgenden mit A. E. G. bezw. S. S. W. bezeichnet. Die Zentralverwaltungen beider Unternehmungen befinden sich in Berlin.

Zunächst sind diese elektrotechnischen Grossfirmen Produktions-Unternehmungen, und zwar umfasst die Fabrikation ziemlich lückenlos alle zur Erzeugung, Regulierung, Messung, Fernleitung und Verwertung der elektrischen Energie erforderlichen Materialien, also vornehmlich Generatoren, Schalt- und Regulierapparate, Messinstrumente und Zähler, Leitungs- und Isoliermaterialien, Installations-Kleinapparate, Motoren, Bogenlampen, Glühlampen, Ventilatoren, Heiz- und Kochapparate, sowie noch andere stromverbrauchende Gegenstände, deren einzelne Aufzählung zu weit führen würde.

Das Arbeitsgebiet der Grossfirmen war nicht von Anfang an derartig umfassend. Manche Spezialgebiete, z. B. das elektrische Heizen- und Kochen, kamen überhaupt erst im Laufe der Entwicklung auf. Der Gedanke, sich von fremdem Bezuge soweit als möglich unabhängig zu machen, setzte sich erst mit völliger Konsequenz durch, als den Elektro-Grossfirmen ihre isolierte, für ihre anderen Konkurrenten unerreichbare Machtstellung zum Bewusstsein gekommen war. So hat z. B. die A. E. G. die Fabrikation von Kabeln und Drähten erst in den 90er Jahren, von Isolierrohr noch später aufgenommen. In neuester Zeit hat sich die A. E. G. sogar durch Errichtung einer eigenen Porzellanfabrik allergrössten Stils, in Henningsdorf am Grossschiffahrtswege Berlin-Stettin gelegen, für den wichtigsten Isolierstoff, das Porzellan, vom Fremdbezuge emanzipiert und damit einen bisher in bestimmten Gegenden sesshaften und dort traditionellen Industriezweig an einen anderen Ort verpflanzt. Die S. S. W. konnten dieses Vorgehen natürlich nicht unerwidert lassen und sind dem Beispiel der A. E. G. gefolgt, wobei sie es aber vorzogen, sich eine bereits bestehende Porzellanfabrik in Thüringen anzugliedern.

Die Gesamtfabrikation der Grossfirmen stellt sich dar als die organische Zusammenfassung eines Komplexes von Einzelfabriken mit weit entwickelter fabrikatorischer und administrativer Dezentralisation. Der Fabrikationsprozess spielt sich in einer ganzen Reihe, zum Teil sogar räumlich und örtlich getrennter Einzelfabriken ab, die mit weitgehender Selbstständigkeit ausgestattet sind.

Aber die elektrotechnischen Grossfirmen betreiben ausser der Fabrikation noch andere Geschäfte. Sie liefern nämlich nicht nur Maschinen und Apparate, sondern treten als Unternehmer für die Herstellung kompletter Anlagen auf. Diese Tätigkeit lässt sich definieren als planmässige und technisch richtige Zusammenstellung der von den einzelnen Abteilungen hergestellten Einzelelemente, und zwar so, dass der beabsichtigte Zweck, nämlich die Erzeugung, Fortleitung und Verwertung des elektrischen Stromes in technisch und wirtschaftlich richtiger Weise erreicht wird. Man fasst diese Tätigkeit unter dem Sammelbegriff „Installation" zusammen. Auf Art und Umfang der Installation kommt es dabei nicht an. Die Errichtung einer grossen elektrischen Zentralstation, bestehend aus mehreren 1000-pferdigen Generatoren nebst zugehöriger Schalt- und Regulieranlage, fällt ebenso unter den Begriff der Installation, wie eine kleine elektrische Lichtanlage.

Zur Errichtung und Inbetriebsetzung elektrischer Anlagen sind aber besondere Ausführungsorgane erforderlich, denn die einzelnen Fabrikationsabteilungen der Grossfirmen können sich naturgemäss nur mit Herstellung und Lieferung ihrer Sonderheiten befassen. Die Installationsabteilungen, die mit der Kundschaft in engster, stetiger

Fühlung sein, und die Ausführung der Installation überwachen müssen, können nicht, wie die Fabrikationsabteilungen, an einem Platze konzentriert sein, sondern sie müssen über das ganze Land planmässig verteilt werden. Die Grossfirmen haben daher schon direkt beim Entstehen der Starkstromindustrie, also lange bevor die Fabrikation in der heutigen vielseitigen Weise entwickelt war, begonnen, an allen wichtigen Plätzen des In- und Auslandes Zweigniederlassungen zu errichten, deren Zweck in erster Linie die Ausführung der Installationen und die Vertriebstätigkeit ist. Diese Niederlassungen, auch „Technische Büros" genannt, werden wiederum mit weitgehendster Selbstverwaltung ausgestattet und können sich deshalb den besonderen wirtschaftlichen und sozialen Verhältnissen ihres Bezirkes aufs engste anpassen. Mit der in den letzten Jahren rasch gestiegenen Anwendung der elektrischen Energie hat auch die Aufteilung des Landes in immer kleinere Bezirke und die Errichtung neuer Zweigbüros Schritt gehalten. Die Zahl der deutschen Niederlassungen von A. E. G. und S. S. W. beträgt gegenwärtig je etwa 50. Im Auslande haben diese Zweigniederlassungen aus Gründen, die in der Handelsgesetzgebung der betreffenden Länder zu suchen sind, vielfach die Form besonderer Gesellschaften angenommen. An der Spitze der Niederlassung stehen gewöhnlich gleichberechtigt zwei Leiter, ein technischer und ein kaufmännischer, denen hinsichtlich der Anstellung ihres Personals eine gewisse Freiheit gelassen ist. Die Zweigniederlassungen betreiben ihre Geschäfte ziemlich selbständig. Die vom Stammhaus bezogenen Maschinen und sonstigen Materialien werden ihnen in ähnlicher Weise wie anderen Kunden berechnet. Sie haben ihre eigenen Lieferungen selbständig weiter zu fakturieren und sollen nicht allein die gesamten Unkosten ihres Betriebes aus den Einnahmen decken, sondern auch möglichst noch einen Ueberschuss an das Stammhaus abliefern. In dieser Weise hat man, über das ganze Land verstreut, Organisationen geschaffen, welche die Erzeugnisse bis zu den kleinsten Verbrauchern tragen, und deren Ehrgeiz es ist, durch möglichst grossen Umsatz bei möglichst geringen Spesen immer grössere Erträgnisse herauszuwirtschaften.

Ausser der Installationstätigkeit betreiben die Zweigniederlassungen aber auch in umfassender Weise das reine Verkaufsgeschäft der Erzeugnisse des Stammhauses. Hierzu sind sie besonders befähigt, weil sie infolge der Installationstätigkeit bereits in engster Fühlung mit ihrer Kundschaft stehen und mit den Bedürfnissen der Verbraucher aufs genaueste vertraut sind.

Für die ganz grossen und schwierigen Installationen, z. B. Zentralstationen, Strassenbahnen und elektrische Förderanlagen in Bergwerken usw., bestehen besondere Projektierungs- und Installationsabteilungen, die der Zentralverwaltung angegliedert sind. Die Tätigkeit der Zweigniederlassung bei solch umfangreichen Geschäften besteht in den Werbearbeiten und den sonstigen vorbereitenden Verhandlungen. Je nach dem Erfordernis werden für grössere Zentralen und Bahnen auch örtliche Bauabteilungen eingerichtet, die nach Fertigstellung der betreffenden Anlage wieder aufgelöst werden.

Die „Technischen Büros" pflegen vorwiegend den Geschäftsverkehr mit den Selbstverbrauchern, d. h. denjenigen Abnehmern, welche die bezogenen Waren oder hergestellten Anlagen im eigenen Betriebe oder Haushalt benutzen. Der nach ganz anderen Gesichtspunkten zu organisierende Verkauf der Produkte an Händler und Installateure wurde von der A. E. G. schon frühzeitig im In- und Auslande besonderen Verkaufsfilialen übertragen, die zur schnellen und bequemen Befriedigung der Kundschaft Lager in den hauptsächlichsten Materialien unterhalten. Sämtliche Verkaufsfilialen unterstehen in Berlin wieder einer besonderen Zentralabteilung, die von Zeit zu Zeit auch besondere Spezialreisende zur Unterstützung der Verkaufsfilialen hinaussendet. Bei den S. S. W. ist die Dezentralisation der Verkaufsabteilungen nicht so weit entwickelt. Die Organe zur Bearbeitung der Wiederverkäufer sind vielmehr den betreffenden Zweigniederlassungen angegliedert.

Zollschranken, Transportschwierigkeiten und sonstige nationale Rücksichten haben bereits in den 90er Jahren dazu geführt in den Hauptabsatzländern, Oesterreich, Russland und Italien unter finanzieller Beteiligung der Stammhäuser und der ihnen nahestehenden Finanzkonsortien, selbstständige Fabrikationsunternehmungen zu gründen, deren technischer und wirtschaftlicher Zentralpunkt aber nichtsdestoweniger das Berliner Stammhaus bildet, dessen Erfahrungen und Neukonstruktionen den ausländischen Tochterfabriken zur Verfügung stehen.

Die gesamten Fäden dieses gewaltigen Organismus, der in- und ausländischen Fabrikationsstätten, der Zweigbüros und Verkaufsabteilungen, das gesamte, alle fünf Weltteile umfassende Finanzierungs- und Beteiligungswesen, von welch letztgenannten Operationen noch weiter unten die Rede sein wird, alles läuft bei den Berliner Zentralverwaltungen zusammen. Dort sitzen die Organisatoren, unter sich wiederum nach den einzelnen Materien, denen sie leitend vorstehen, organisiert, und über dem Ganzen tront das Direktorium, eine Art ganz neuen Unternehmertums, nicht mit eigenem, sondern mit dem Kapital der Allgemeinheit schaffend, und eine ungeheure Machtfülle in seiner Hand vereinend, wie es frühere Zeiten der privatwirtschaftlichen Produktion garnicht gekannt haben.

Die gewaltige Kapitalkonzentration bei den Grossfirmen, und ihre isolierte, im gewissem Sinne konkurrenzlose Stellung, wirkte berauschend auf den Unternehmungstrieb und zeitigte Resultate der Expansion, die früheren Wirtschaftsepochen gänzlich fremd gewesen sind. Die vielgestaltigen, der Elektrotechnik gestellten Aufgaben und die enge und stetige Berührung mit anderen Industriezweigen erweiterte den Blick der führenden Persönlichkeiten weit über die Sphäre der eigenen Fabrikation hinaus. Die gewaltigen Produktionsmittel wurden, nachdem der Ausbau der eigentlichen elektrotechnischen Abteilung zu einem gewissen Abschluss gelangt war, auch in den Dienst fremder Industriezweige gestellt. Die Aufnahme der Herstellung von Automobilen, Luftfahrzeugen, Explosionsmotoren und Schreibmaschinen kann hier nur beiläufig erwähnt werden. Dagegen muss ein anderer mit der Elektrotechnik allerdings in enger Beziehung stehender Fabrikationsgegenstand, die Dampfturbine, etwas eingehender behandelt werden, weil die Monopolstellung der beiden Konzerne im Grossdynamomaschinenbau wesentlich durch die Aufnahme der Herstellung der Turbo-Generatoren, d. h. organisch zusammengefügter elektrischer Generatoren und Dampfturbinen, entschieden worden ist.

Die Dampfturbine in ihrer heutigen Form geht bis auf die Mitte der 90er Jahre zurück. Im Jahre 1900 erwarb die schweizerische elektrotechnische Firma Brown, Boveri & Co. die Turbinenpatente des Engländers Parson für den Kontinent. Brown, Boveri & Co. gebührt also das grosse Verdienst die gewaltige Bedeutung der Dampfturbine als Kraftmaschine für die Elektrotechnik zuerst erkannt und die heutige enge Verknüpfung von Turbine und Generator angebahnt zu haben. Die A. E. G., damals neben Siemens & Halske auf dem elektrotechnischen Gebiete schon führend, konnte an der neuen Kraftmaschine, die eine totale Umwälzung im Bau der grossen Dynamomaschine in Aussicht stellte, nicht vorübergehen. Zunächst wurden Verbindungen mit Brown, Boveri & Co. angeknüpft, die jedoch wieder aufgegeben wurden, als die amerikanischen Curtis-Patente der General Electric Company für Europa erworben wurden, auf welcher Grundlage die A. E. G. in der Folge selbstständige Turbinenkonstruktionen aufbaute. Es wurde eine mit allen neuzeitlichen Einrichtungen versehene Turbinenfabrik errichtet, welche heute Turbo-Generatoren bis zu den grössten Leistungen liefert. Die S. S. W. haben keine eigene Turbinenfabrik errichtet, sondern mit namhaften Maschinenfabriken, die den Bau von Dampfturbinen nach den Patenten von Zoelly aufnahmen, besondere Verträge geschlossen. Hierdurch sind die S. S. W. in den Stand gesetzt worden, sich nahezu dieselben Vorteile zu verschaffen, die eine eigene Fabrikation gewährt.

Die Herstellung der Dampfturbinen bedeutete eine gewaltige Stärkung der fabrikatorischen Position der Grossfirmen. Die alte Kolben-Dampfmaschine hatte mit dem von ihr angetriebenem Generator keinen konstruktiven Zusammenhang. Die Dampfmaschine konnte ohne weiters von einer Spezialfabrik bezogen werden, und der Elektro-Industrie ist niemals der Gedanke gekommen, Kolben-Dampfmaschinen herzustellen. Die Dampfturbine jedoch rief infolge ihrer hohen Umdrehungszahl und sonstigen Eigentümlichkeiten eine völlige Umwälzung im Bau der Dynamos hervor. Es entstand der „Turbo-Generator", bei dem Turbine und Dynamomaschine organisch derart verbunden sind, dass man mit einigem Recht von einer einzigen Maschine sprechen kann. Die in einer Hand liegende Fabrikation von Turbine und Generator verleiht dem Fabrikanten eine wirtschaftliche und technische Ueberlegenheit vor Konkurrenten, die nur Turbine oder nur Generator anzubieten haben. Wer einmal einen Turbo-Generator gesehen hat, bei dem kaum wahrzunehmen ist, wo der mechanische Teil aufhört und der elektrische beginnt, begreift ohne weiters den gewaltigen Vorsprung, den die Herstellung dieser Maschine in einer einzigen Werkstätte verleiht.

b) Ihre Unternehmer-Finanzierungs- und Fusionspolitik, Beziehungen zu den Bankeu u. zur sonstigen Industrie, Kapitalverhältnisse und Arbeiterzahl.

Das wichtigste Arbeitsgebiet der Starkstrom-Industrie bildete von jeher der Bau von Anstalten, die zu öffentlichen Zwecken dienen, also von Elektrizitätswerken und elektrischen Bahnen. Ein kurz gefasster historischer Rückblick auf die Entwicklung dieser Anstalten in der ersten Epoche der Starkstromtechnik möge daher eingeschaltet werden; wir werden uns dabei auf Deutschland beschränken, demjenigen europäischen Lande, in dem die Anwendung der Elektrizität am meisten vorgeschritten ist.

Bis etwa gegen Mitte der 90er Jahre des vorigen Jahrhunderts erblickte man in der Anwendung der elektrischen Energie mehr die

Befriedigung eines Luxusbedürfnisses, als eine wirtschaftliche Notwendigkeit, und auch die Tarifpolitik der Elektrizitätswerke entsprach dieser Anschauung.

In jener ersten ruhigen und zaghaften Entwicklungsepoche, etwa von 1885 bis 1895, schlug man bei der Errichtung öffentlicher Elektrizitätswerke zwei Wege ein: entweder die städtischen Gemeinwesen — an die Versorgung des platten Landes dachte man damals noch nicht — vergaben die verschiedenen Teile der Anlage einzeln oder in Bausch und Bogen an die elektrische, bezw. mechanische Industrie und betrieben die Werke nach Fertigstellung in eigener Regie; *) oder aber, da man sich nicht getraute, das Risiko für eine Sache zu übernehmen, deren Rentabilität noch ganz in der Luft lag, erteilte man an ein Privatunternehmen für eine gewisse Anzahl von Jahren die Konzession für den Betrieb des öffentlichen Elektrizitätswerkes gegen die Verpflichtung, eine bestimmte Quote des Reingewinns an das Gemeinwesen abzuführen. Bei dieser Konzessionserteilung war auch der heute aufgegebene Standpunkt massgebend, dass die Aufgabe der Kommunen lediglich verwaltungstechnischer Natur sei, der Betrieb gewerblicher Anlagen aber der Privatwirtschaft zu überlassen sei.

Die Zahl der elektrotechnischen Grossfirmen, die damals für die Errichtung öffentlicher Elektrizitätswerke in Betracht kam, war wesentlich grösser als heute. Ausser den schon in jener Zeit durch ihr Betriebskapital und den Umfang ihrer Produktion weit über ihre Konkurrenten hinausragenden Firmen A. E. G., Siemens & Halske und Schuckert, waren es vornehmlich die 4 inzwischen von der Bildfläche verschwundenen Gesellschaften: Helios, Lahmeyer, **) Kummer und Union, die auf diesem Gebiete eine rege Betätigung entfalteten.

Von grösseren, für Rechnung der Städteverwaltungen errichteten und von diesen betriebenen Elektrizitätswerken Ende der 80er Jahre und Anfang der 90er erwähnen wir Köln, Aachen, Düsseldorf, Elberfeld, Barmen, Hannover, Frankfurt a. M. Da die Stadtverwaltungen noch keine Fachleute in ihren Diensten hatten, die den Bau der Werke hätten leiten, und die einzelnen Teile an die hierfür in Betracht

---

*) Die Kommunen waren aber damals noch so wenig mit den durch die Elektrizität geschaffenen neuen Verhältnissen vertraut, dass sie der erbauenden Firma die Elektrizitätswerke vor der endgültigen Uebernahme vielfach für mehrere Jahre in Pachtbetrieb überliessen.

**) Die Firma Lahmeyer besteht allerdings noch, aber unter gänzlich modifizierten Verhältnissen.

kommenden Lieferanten hätten vergeben können, war es damals die Regel, die Bestellung der kompletten Anlage, also auch die Fremd-lieferungen (Kessel, Dampfmaschinen, Rohrleitungen, mitunter auch Baulichkeiten) in die Hand der Elektrizitätsfirmen zu legen. Die Elektrizitätsgesellschaft geht also zum ersten Mal über die eigene Fabrikationstätigkeit hinaus; als reines Fabrikationsunternehmen war sie bisher anderen Fabriken koordiniert, jetzt ist sie in den Stand gesetzt, diejenigen bedeutenden Teile der Lieferung, die sie nicht selbst herstellt, an Unterlieferanten zu vergeben. Daraus ergab sich ganz von selbst eine Verschiebung der Macht-verhältnisse zu Gunsten der Elektrotechnik, die zur Auftraggeberin anderer Industrien wurde und somit über Nacht zu einer dominierenden Stellung gelangte.

Die meisten und grössten Elektrizitätswerke, die in dem Jahr-zehnt 1885 bis 1895 errichtet wurden, sind aber nicht auf dem Wege der freihändigen Vergebung sondern der Konzessionserteilung an die Elektrizitätsgesellschaften zu Stande gekommen. Hierdurch wurde die Elektro-Industrie noch in viel grösserem Masse zur Auftraggeberin einer Reihe anderer Industriezweige.

Sie konnte die umfangreichsten Aufträge an Maschinenfabriken, Röhrenwerke, Schienenwalzwerke, Waggonbauanstalten, Metallwaren-fabriken erteilen und gab so den Anlass zu einer allgemeinen Auf-wärtsbewegung. Die Erwerbung solcher Konzessionen verfolgte einen doppelten Zweck: Auf der einen Seite fand die elektrotechnische Industrie dadurch für ihre Erzeugnisse einen guten, ihr konkurrenzlos zufallenden Abnehmer. Auf der anderen Seite wird natürlich mit einer Rentabilität des neu investierten Kapitals gerechnet. Bei manchen dieser Konzessionsunternehmungen blieb aber die Rentabilität nicht allein aus, sondern es stellten sich auch noch bedeutende Verluste ein, veranlasst teils durch falsche Dispositionen und viel zu kost-spielige Anlagen, teils dadurch. dass die Erwartungen hinsichtlich des Stromkonsums weit hinter den optimistischen Berechnungen zurück blieben, welche den Anstoss zur Erwerbung der Konzession gegeben hatten. Die leidtragenden Elekrizitätsfirmen hatten daher nichts weiter getan, als mit eigenem Gelde unrentable Anlagen errichtet, zu deren Erhaltung obendrein noch namhafte Zuschüsse zu leisten waren. An derartigen ungesunden Gründungen sind um die Jahr-hundertwende eine Reihe von Firmen zu Grunde gegangen und andere in die bedrängteste Lage geraten. Die verfehlten Uebergründungen auf elektrischem Gebiete sind mit der Anstoss zu der grossen Katastrophe von 1900 gewesen und haben die Konzentrationsbewegung der Elektro-Industrie eingeleitet, die erst vor ganz kurzer Zeit anscheinend zu einem Stillstand gekommen ist.

Nur zwei der damaligen elektrotechnischen Grossfirmen, A. E. G. und S. & H., haben sich von solchen verfehlten Gründungen im grossen und ganzen ferngehalten und sind stets im Rahmen ihrer eigenen, wenn auch grossen Mittel geblieben; ihre heutige überragende Stellung ist nicht zum mindesten der bereits damals geübten, vorsichtigen und vorausschauenden Gründungspolitik zu verdanken.

Es ist mit dem eigentlichen Zweck der elektrotechnischen Fabrikations-Firma schlecht vereinbar, selbst Trägerin der Konzession zu sein. Es wurde daher gewöhnlich am Orte der Konzession eine besondere Betriebsgesellschaft, meist in der Aktienform, ins Leben gerufen, an deren Gründung ausser der Muttergesellschaft befreundete Bankinstitute und sonstige Finanzleute teilnahmen, die im Aufsichtsrat der neuen Unternehmung vertreten waren.

Somit trat die Elektro-Industrie in einen anderen Kreis von Aufgaben ein. Ihre Stellung in der Volkswirtschaft veränderte sich von Grund auf. Die Elektro-Industrie hatte das Gebiet des „Unternehmergeschäfts"*) beschritten und erhielt dadurch einen spekulativen Einschlag.

Die Zahl der auf Grund von Konzessionen betriebenen Elektrizitätswerke, zu denen sich zu Anfang der 90 er Jahre anch elektrische Bahnen gesellten, wurde immer grösser, ihre Verwaltung und Kontrolle immer schwieriger, so dass sich die direkte Abhängigkeit der Betriebsgesellschaften von der Mutterfirma auf die Dauer nicht auf-

---

*) Wir dürfen hier den Begriff „Unternehmer" nicht im üblichen allgemeinen Sinne auffassen. Jeder Produzent, jeder Händler ist natürlich in der landläufigen Bedeutung „Unternehmer". In unserem besonderen Falle hat der Ausdruck aber eine ganz neuartige Bedeutung gewonnen, der moderne Unternehmer der Elektro-Industrie ist durch seine Gründertätigkeit charakterisiert; während sich der Unternehmer alten Stils darauf beschränkt, seine Erzeugnisse auf den freien Markt zu bringen, erweckt und schafft der elektrotechnische Unternehmer neue Bedürfnisse, er gründet mit eigenem oder befreundetem Kapital Betriebsunternehmungen, die ihm Absatzgebiete für seine eigenen Erzeugnisse erschliessen. Diese neuartige Unternehmertätigkeit hat im Gegensatz zur bisherigen einen ausgesprochen spekulativen Charakter, weil die wirtschaftlichen Resultate der neugegründeten Unternehmungen nicht vorher zu bestimmen sind, und Misserfolge einen Rückschlag auf die Mutterfirma ausüben müssen.

recht erhalten liess, zumal die letztere durch die sich ständig erweiternde Fabrikation vollauf in Anspruch genommen war. Eine Entlastung war deshalb dringend erforderlich. Es wurden deshalb seit Mitte der 90er Jahre als Zwischenglieder sog. Trust- oder Finanzierungsgesellschaften geschaffen, die sich ausser mit der Verwaltung und Kontrolle der neuen Gründungen damit befassten, deren Effekten aufzunehmen und ihrerseits die Mittel zum Bau der vielen Einzelanlagen zu beschaffen. Die Aktien der Betriebsgesellschaften werden in solche Finanzierungsgesellschaften zusammengefasst, die dann an Stelle der Einzeleffekten ihre eigenen Aktien oder Obligationen ausgeben. Die Trustgesellschaften finanzieren zum Teil selbst und bringen die Pläne des Stammhauses zur Ausführung; zum Teil dienen sie dazu, das von der Muttergesellschaft bereits früher in die kleinen Anlagen hineingesteckte Kapital wieder herauszuziehen und es dieser wieder für ihre fabrikatorischen Zwecke zuzuführen. Manche dieser Trustfirmen sind blosse Verwaltungsfirmen, die Aktienmajoritäten anderer Unternehmungen besitzen. Wo kein dauerndes Interesse besteht, wird mit dem Effektenbesitz der in Frage stehenden Gründungen Handel getrieben, und die Effektenbestände von Dutzenden von solchen Unternehmungen bilden heute für die Gross-Elektro-Industrie geheime Reserven.*)

Bei diesem ganzen Vorgehen sind die Grossbanken in ausschlaggebender Weise beteiligt, nicht etwa in der Weise, dass sie grosse Aktienposten der Mutter- und Tochtergesellschaften im Portefeuille haben, denn dabei würden, besonders bei Neuemissionen über pari, viel zu grosse Mittel erforderlich sein. Das Verhältnis zwischen Grossbanken und Elektrizitätsgesellschaften ist vielmehr das von Bundesgenossen. Jede der beiden Parteien erkannte frühzeitig, dass eine gegenseitige Hilfe, ein enges Zusammenarbeiten in beiderseitigem Interesse lag. Die Banken besorgen die laufenden Geschäfte der Elektro-Industrie, sie bringen die Emissionen heraus, auch Kreditbewilligung an Mutter- und Tochterfirma kommt, wenn auch in untergeordnetem Maasse, in Frage. Die Banken machen ferner ihren Einfluss bei anderen zu ihrer Interessenssphäre gehörigen Industrien geltend, um der verbündeten Elektro-Industrie laufende Aufträge zu verschaffen. So spielt die elektrotechnische Industrie bereits seit Mitte der 90er Jahre bei den Grossbanken die Rolle eines der

---

*) Näheres über diese Wirtschaftsformen und Transaktionen enthält das Buch von Rob. Liefmann: „Beteiligungs- und Finanzierungsgesellschaften", 2. Aufl., Gust. Fischer, Jena 1913.

wichtigsten Interessenten. Durch wechselseitige Vertretung im Vorstand und Aufsichtsrat werden die Beziehungen zwischen Industrie und Kapital noch fester verankert.

Infolge der auch im Bankwesen seit Mitte der 90er Jahre einsetzenden Konzentration wurden die Provinzbanken von den Berliner Grossbanken zum grössten Teil abhängig, und es ging infolgedesseu von den letzteren wiederum ein Druck auf ihre Provinztrabanten aus, um der Gross-Elektro-Industrie in den den kleineren Banken nahestehenden Kreisen ein Absatzgebiet zu eröffnen.

Infolge dieser Finanz- und Gründungspolitik der elektrotechnischen Industrie werden auch die Grossbanken infolge der gemeinsamen Interessen in ständige und enge Berührung gebracht, und es entsteht eine Konzentration von Kräften, wie sie die europäische Wirtschaftsgeschichte bis dahin noch nicht gekannt hat.

Vor einigen Jahren hat man in den sogenannten Elektro-Treuhandbanken neue kreditvermittelnde Institute eingeschoben. Damit die Elektrisierung, insbesondere der Bau von grösseren Bahnanlagen, in schnellerem Tempo vor sich gehen kann und der Mutterfirma unter Umständen auch in Zeiten rückläufiger Konjunktur Arbeit zugeführt werden kann, sollen die Elektro-Treuhandbanken grösseren wirtschaftlichen Verbänden, insbesondere städtischen und staatlichen Behörden, die Mittel zum Bau elektrischer Anlagen bereitstellen. Sie sollen gewissermassen die infolge Geldmangels zurückgedämmte Unternehmungslust der Auftraggeber anregen. Die zu beschaffenden Geldmittel werden durch Obligationen aufgebracht, deren Sicherheit in den zu verpfändenden Werken oder in den Garantien beruht, welche die betreffende Gesellschaft übernimmt. Die Transaktion ist also nichts weiter als eine neuartige Kapitalbeschaffung für die Elektro-Industrie, so zwar, dass keine dauernde Belastung für letztere entsteht. In grösserem Masse sind allerdings die Elektro-Treuhandbanken bisher nicht in die Oeffentlichkeit getreten.

So wird also die Elektro-Grossfirma zum „Elektro-Konzern“, einer riesenhaften Zusammenballung von Fabrikation, Handel, Betrieb, bank- und börsenmässigen Geschäften. Die Mutterfirma ist von einem Kranze von Tochtergesellschaften umgeben, die ihr ständig neue Aufträge zuführen. Der ganze Konzern ist von einem Geist, einem Ziele beherrscht. Das rein fabrikatorische Element ist gewissermassen nur noch der Ausgang, nur noch Mittel zum Zweck. Gewiss muss auch die Fabrikation, sollen die stets schwieriger werdenden Aufgaben der Nutzbarmachung gewaltiger Naturkräfte, die Be-

meisterung der wachsenden Betriebsspannungen und Uebertragungs-
entfernungen gelöst werden, zu immer grösserer Vollkommenheit
fortschreiten; gewiss muss unter dem immer fühlbarer werdenden
Druck der Konkurrenz der Ersatz der teuren Menschenkraft durch
arbeitsparende Maschinen und eine rationelle Zerlegung des Arbeits-
prozesses angestrebt werden. Aber das alles steht doch letzten
Endes im Dienste des den Konzern beherrschenden Gedankens der
weltumspannenden elektrischen Unternehmung. Aus dem Rahmen
der Fabrikation heraustretend wird die Elektro-Industrie zur Unternehmerin grössten Stils. Sie nimmt das Risiko der Ausführung auf
ihre Schultern, um sich zunächst ein Absatzgebiet für ihre Erzeugnisse zu verschaffen, und die späterhin eintretenden Erfolge der
Gründung bilden wieder den Ausgangspunkt neuer Transaktionen.
Die grossen Buchgewinne aus der Veräusserung von Effekten der
Betriebsgesellschaften, gelegentlich auch Abstossung von Werken
an Stadtbehörden, ergeben neben dem rein fabrikatorischen Gewinn
gewaltige Erträgnisse, die zur Abschreibung der Betriebsmittel benutzt
werden und die Ausschüttung von Dividenden gestatten, die durch
den rein fabrikatorischen Prozess niemals erreicht worden wären.
Eine vorausschauende Dividendenpolitik bildet mit einem Teile der
Finanzgewinne Reserven, aus denen eine stetige Erweiterung und
Modernisierung der Fabrikanlagen bestritten wird, sodass der Kapital-
markt nicht zu häufig in Anspruch genommen zu werden braucht, und
den Banken gegenüber eine gewisse Unabhängigkeit gewahrt bleibt.

Es fällt nicht in den Rahmen der vorliegenden Arbeit, eine
lückenlose Darstellung der Elektro-Konzerne mit ihrem ausserordentlich verwickelten Anhange von Schwester-, Tochter- und Enkelfirmen,
von Finanzierungsgesellschaften und befreundeten Banken zu geben.
Wir müssen uns auf einige charakteristische Beispiele beschränken,
durch welche aber die Gründungstätigkeit und der Machtbereich der
Elektro-Industrie genügend beleuchtet werden.

Das älteste Tochterunternehmen der A. E. G., zugleich eines
der bedeutendsten, sind die Berliner Elektrizitätswerke, unter der
abgekürzten Bezeichnung B. E. W. bekannt. Dieses Unternehmen
ist gleichzeitig mit der A. E. G., bezw. ihrer Vorläuferin, der D. E. G.,
entstanden, denn es wurde unter dem Namen „Städt. Elektrizitätswerke Berlin“ im Jahre 1884 ins Leben gerufen; also die Gründertätigkeit und nicht die Fabrikationstätigkeit hat an der Wiege der
A. E. G. Pate gestanden, denn die Deutsche Edison-Gesellschaft ist
ausdrücklich zu dem Zweck gegründet worden, die Anwendungs-

möglichkeiten der elektrischen Energie zu studieren und Betriebs-
anlagen ins Leben zu rufen. „Wir wollen mit unseren Mitteln
Zentralstationen errichten, sie aber nach Fertigstellung selbstständigen
Betriebsgesellschaften überlassen, um unser Kapital für neue Unternehmungen frei zu machen," das war das Leitmotiv bei der Gründung
der Deutschen Edison-Gesellschaft, dieses Programm zieht sich wie
ein roter Faden durch die weitere Entwicklung der A. E. G. hindurch, und es ist das Verdienst des genialen Leiters Rathenau, des
Gründers und heutigen Generaldirektors der A. E. G., dieses Programm aufgestellt und bis zum heutigen Tage in konsequenter Weise
durchgeführt zu haben. Fabriziert wurden von der Deutschen Edison-
Gesellschaft und später der A. E. G. zunächst nur Glühlampen nach
den Patenten Edisons; die für die B. E. W. und die sonstigen Anlagen benötigten Dynamomaschinen und Apparate lieferte die Firma
S. & H., mit welcher ein Lieferungsvertrag abgeschlossen wurde.
Erst nachdem aus der D. E. G. die A. E. G. entstanden war, wurde
das Verhältnis zu S. & H. lockerer, um anfangs der 90 er Jahre,
nachdem die A. E. G. fabrikatorisch auf eigenen Füssen stand, völlig
gelöst zu werden.

Gemäss dem Vertrage der A. E. G. mit den B. E. W. haben
letztere alle Maschinen, Kessel und sonstigen Betriebsmaterialien
ausschiesslich von erstgenannter Firma zu beziehen. Ein Blick auf
die Bewegung des Aktienkapitals der B. E. W. mag uns zeigen,
was dies bedeutet; von 3 Millionen Mark im Jahre 1884 ist das
Kapital auf etwa 64 Millionen Mark im Jahre 1913 angewachsen.
Teilschuldverschreibungen und Hypotheken betragen heute etwa
61 Millionen Mark. Die Anlagen innerhalb und ausserhalb des
Weichbildes von Berlin stehen mit 130 Millionen Mark zu Buche.
Man wird in der Annahme nicht fehl gehen, dass in den 30 Jahren
des Bestehens der B. E. W. die A. E. G. an diese ihre beste und
bedeutendste Kundin für weit über 150 Millionen Mark Waren geliefert
hat. Und was vielleicht ebenso bedeutungsvoll für die Entwicklung
der A. E. G. gewesen ist, die B. E. W. waren für sie in den ganzen,
langen Jahren ein riesiges Versuchsfeld für alle Neuerungen, wie es
idealer garnicht gedacht werden konnte. Man vergegenwärtige sich
den Zustand der Starkstromtechnik um die Mitte der 80 er Jahre;
Maschinen und Apparate waren noch unvollkommen, die Probleme der
Parallelschaltung der Dynamos, der rationellen Stromverteilung, der
Spannungs-Regulierung waren zum Teil noch ungelöst. Die B. E. W.
mit ihren für die damaligen Verhältnisse umfangreichen Maschinen

und Kabelanlagen boten der A. E. G. eine ausgezeichnete Gelegenheit zum eingehenden Studium dieses ganzen Komplexes von technischen Fragen, und infolge der engen Beziehungen zwischen Mutter- und Tochtergesellschaft hatte die erstere natürlich auch bei vorübergehenden Misserfolgen keine wirtschaftlichen Nachteile zu befürchten. Als im Jahre 1887 aus der Deutschen Edison-Gesellschaft die A. E. G. entstand, verfügte sie im Bau und Betrieb elektrischer Zentralstationen über eine Summe von Erfahrungen, die ihr einen bedeutenden technischen Vorsprung gab und sie befähigte von vorneherein den Bau grösserer Dynamos und die Errichtung umfangreicher Anlagen aufzunehmen. Später, nach der Einführung der Hochspannungstechnik, benutzte die A. E. G. ebenfalls wieder die B. E. W. als Versuchsfeld, um Erfahrungen auf dem Gebiete der Hochspannungskraftübertragung zu sammeln.

Die A. E. G. hat ferner das Bezugsrecht auf die Hälfte aller von den B. E. W. auszugebenden Aktien, und zwar zum Nennwert; ferner sind die B. E. W. verpflichtet der A. E. G. die für die Fabriken an der Oberspree benötigte elektrische Energie zum Selbstkostenpreis zu liefern.

Im Jahre 1915 kann die Stadt Berlin die B. E. W. übernehmen. Ungeachtet des dem A. E. G.-Konzern einen hohen Finanzgewinn abwerfenden Uebernahmepreises denkt man im Falle einer Uebernahme durch die Stadt durchaus nicht daran die Hände in den Schoss zu legen, sondern das Kapital und die vorzügliche Organisation der B. E. W. sollen anderen noch viel gigantischeren Zwecken dienstbar gemacht werden. In genial vorausschauender Weise sind von der A. E. G. ganz in der Stille zwei, ergiebige Braunkohlenfelder in der Nähe von Bitterfeld zum Kaufpreise von 7 Millionen Mark erworben worden. Hier soll in späterer Zeit der Schwerpunkt der Stromerzeugung für Gross-Berlin liegen. Eine gigantische Zentrale mitten im Braunkohlenfeld, deren Stromerzeugungskosten ein Minimum werden, ist geplant, und falls dann die Stadt Berlin im Jahre 1915 oder zu einem späteren Termin die B. E. W. übernehmen sollte, ist der A. E. G.-Konzern in der Lage, der Stadt die elektrische Energie zu solch billigem Preise zu liefern, dass damit die heutige eigene Erzeugung in den vielen über Gross-Berlin zerstreuten Einzelzentralen nicht konkurrieren kann. Die Berliner Zentralen können also im Laufe der Zeit still gelegt werden und dienen nur noch als zeitweilige Reserven und zur Spitzendeckung. Gleichzeitig wird das neue Bitterfelder Riesenwerk die elektrische Energie strahlenförmig ins Land senden und ein neues, noch viel umfassenderes Arbeitsgebiet ist im Falle der Uebernahme der Berliner Zentrale durch die Stadt schon heute für die B. E. W. in grossen Zügen festgelegt.

Eine andere, sehr bedeutende Konzessionsanlage der A. E. G. sind die Elektrizitätswerke in Strassburg i. E. Im Jahre 1899 mit 4,5 Millionen Mark Aktienkapital gegründet, haben die im Laufe der Jahre erforderlich werdenden Erweiterungen eine Kapitalerhöhung bis zu 15 Millionen Mark nötig gemacht. Und wenn auch heute die Stadtgemeinde Strassburg die Hälfte des Aktienkapitals besitzt, die A. E. G. hat nach wie vor den nachhaltigsten Einfluss auf das Werk, dessen ganzer Bedarf an Ma schinen u.s.w. ihr zufällt.

Beim Siemens-Schuckert-Konzern bilden die Hamburger Elektrizitätswerke die grösste deutsche Konzessionsanlage. Sie wurde 1894 von der damaligen Schuckertgruppe mit 6 Millionen Mark gegründet, während das Kapital heute einschliesslich Obligationen 37 Millionen Mark beträgt. Gewaltige Stromerzeugungsanlagen mit Unterstationen und ausgedehnten Kabelnetzen sind in Hamburg entstanden, deren Lieferung ausschliesslich der Schuckertgesellschaft und später den S. S. W. zufiel.

Seit Anfang der 90 er Jahre erstreckt sich die Unternehmertätigkeit der grossen elektrischen Firmen auch auf das Gebiet der elektrischen Strassenbahnen. Hier schmolz die Zahl der Wettbewerber infolge der Krise um die Jahrhundertwende und die systematische Aufsaugung kleinerer Unternehmungen noch schneller zusammen, als auf dem Gebiete des Zentralenwesens; insbesondere die Angliederung der im elektrischen Strassenbahnwesen führenden Union Elektrizitätsgesellschaft an die A. E. G. im Jahre 1904 machte die Bahn für die beiden Konzerne frei und schuf ihnen eine sozusagen monopolartige Stellung. Auch die bereits seit dem Jahre 1881 bestehende Allgemeine Lokal- und Strassenbahn-Gesellschaft, wurde den Zwecken der A. E. G. dienstbar gemacht und bei den zahlreichen im Besitz der erstgenannten Gesellschaft befindlichen Pferdebahnen der elektrische Betrieb eingeführt.

Werfen wir noch einen Blick auf die grössten Finanzierungs- oder Trustgesellschaften der Konzerne. Im A. E. G.-Konzern nimmt die Bank für elektrische Unternehmungen in Zürich, kurz „Elektro-Bank" genannt, eine hervorragende Stellung ein. Gegründet im Jahre 1895, verfügt dieses Institut heute über 60 Millionen Frcs. Aktienkapital und 53 Millionen Frcs. Obligationen. Durch Aktienbesitz wird eine ganze Anzahl in- und ausländischer Betriebsgesellschaften des Konzerns kontrolliert; die Elektro-Bank hat ferner in hervorragender Weise bei den grossen Verschmelzungsprozessen, insbesondere bei der Angliederung von Lahmeyer, mitgewirkt. In ihrem Effektenbesitz befindet sich infolgedessen ein grosser Posten Aktien von Felten & Guilleaume, einen anderen Teil besitzt die A. E. G. selbst, und durch seine Aktienmajorität (32 Millionen von 55 Millionen) beherrscht der A. E. G.-Konzern seit 1910 auch diese grösste Kabelfabrik mit ihren Tochterfabriken.

Als zweite bedeutende Finanzierungsgesellschaft der A. E. G.-Gruppe ist die Gesellschaft für elektrische Unternehmungen in Berlin zu erwähnen. Sie wurde 1894 von der damaligen Loewe-Gruppe gegründet und verfügt heute über ein Aktienkapital von 60 Millionen Mark, wozu noch 41,5 Millionen Mark Obligationen kommen. Die ebenfalls zur A. E. G. Gruppe gehörende Elektrizitäts-Lieferungs-Gesellschaft (gegründet 1897, 30 Millionen Mark Aktienkapital, 20 Millionen Mark Obligationen) sowie die Allgemeine Lokal- und Strassenbahn-Aktien-Gesellschaft (20 Millionen Mark Aktienkapital, 29 Millionen Mark Obligationen) kontrollieren etwa 50 Elektrizitätswerke und 20 Strassenbahnen und sind vertraglich verpflichtet, den ganzen enormen Bedarf dieser Betriebsgesellschaften bei der A. E. G. zu decken.

Seit dem Jahre 1910 gehört auch die Elektrizitäts-Aktiengesellschaft vorm. W. Lahmeyer & Co., Frankfurt a. M. (Aktienkapital 25 Millionen Mark, Obligationen 21 Millionen Mark), die seit der Fusion mit der A. E. G. nur noch als Verwaltungs- und Finanzierungsunternehmen fungiert, zum A. E. G.-Konzern.

Von den grössten Trustgesellschaften des Siemens-Schuckert-Konzerns seien folgende erwähnt:

Kontinentale Gesellschaft für elektrische Unternehmungen in Nürnberg (gegründet 1895, Aktienkapital 32 Millionen Mark, Obligationen 20 Millionen Mark).

Elektrische Licht- und Kraftanlagen-Gesellschaft, Berlin (gegründet 1897, Aktien-Kapital 30 Millionen Mark, Obligationen 25,6 Millionen Mark).

Schweizerische Gesellschaft für elektrotechnische Industrie in Basel, (gegründet 1896, 20 Millionen Frcs. Aktienkapital, 45 Millionen Frcs. Obligationen).

„Siemens" elektrische Betriebe, Aktien-Ges. Berlin (gegründet 1900, 12,5 Millionen Mark Aktienkapital, soll auf 30 Millionen Mark erhöht werden, 25 Millionen Mark Obligationen).

Auch hier herrschen ähnliche Verhältnisse; das ganze, gewaltige Kapital ist in Elektrizitätswerken, Strassenbahnen und sonstigen Unternehmungen angelegt, die samt und sonders dem Stammhause tributpflichtig sind.

Bei ganz grossen Gründungsgeschäften, besonders im überseeischen Auslande, gehen die beiden Konzerne auch häufig gemeinsam vor. So ist die 1898 gegründete Deutsch - Ueberseeische Elektrizitäts-Gesellschaft, die mit ihren 150 Millionen Mark Aktienkapial und 110 Millionen Mark Obligationen zu den grössten deutschen Aktiengesellschaften überhaupt gehört, eine gemeinsame Gründung der A. E. G. und der S. S. W. Diese Gesellschaft hat sich in erster Linie die Elektrifizierung Südamerikas zum Ziel gesetzt. Was die vereinigte Unternehmertätigkeit der beiden Grossfirmen in den Städten Buenos Aires, Montevideo, Valparaiso und Santiago de Chile an umfangreichen Zentralen, Bahnen und neuerdings auch Untergrundbahnen geschaffen hat, ist schlechterdings mustergültig und hat wesentlich dazu beigetragen, diesen Ländern die gewaltigen Leistungen deutscher Arbeit vor Augen zu führen und auch anderen deutschen Industrieerzeugnissen die Wege zu ebnen, sodass die Nordamerikaner trotz aller Bemühungen den deutschen Vorsprung auf dem Gebiete der Elektrizität in Südamerika bisher nicht haben einholen können.

Die im Jahre 1908 ebenfalls von den beiden Konzernen gemeinschaftlich ins Leben gerufene Elektro-Treuhand-Gesellschaft hat bisher erst ein einziges Mal Gelegenheit gehabt sich zu betätigen, indem sie die Finanzierung der Hamburger Hoch- und Untergrundbahnen übernahm; zur Verwirklichung der Ziele der Elektro-Treuhandgesellschaft auf breiterer Grundlage sind die Zeiten zunächst noch nicht geeignet; jedenfalls aber besitzen die Konzerne in ihr ein Instrument, das zur gegebenen Zeit finanzierend eingreifen und dem Arbeitshunger der Muttergesellschaft neue Nahrung zuführen wird.

Aber nicht nur grosse und ständige Aufträge führen die Tochtergesellschaften den Stammhäusern zu. Auch ihre Betriebsgewinne liefern, wie schon oben erwähnt, ansehnliche Beiträge zu den Erträgnissen des Stammhauses, das unter seinen Aktivposten einen bedeutenden Konsortialbesitz ausweist. Da ferner der Aktienkurs der Tochtergesellschaften meist erheblich über pari steht, stecken in dem Konsortialbesitz auch bedeutende stille Reserven, die bei passender Gelegenheit durch teilweise Abstossung oder Umtauschaktionen realisiert werden. Die folgende Tabelle enthält eine Ueber-

sicht über Kursstand und Dividende der hauptsächlichsten Betriebs-
und Finanzierungsgesellschaften der Grossfirmen:

Name des Unternehmens:	Letzte Dividende:	Kurs:*)
B. E. W.	4 1/2 % auf 20 Millionen Mk. Vorzugsaktien, 12 % auf 44,1 Millionen Mk. Stammaktien	166
Hamburger Elektrizitätswerke	8 1/2 %	147
Elektro-Bank, Zürich	10 %	186
E. A. vorm. W. Lahmeyer & Co., Frankfurt a. M.	6 %	125
Elektrizitäts-Lieferungs-Gesellschaft	12 %	200
Allgem. Lokal- u. Strassenbahn-Ges.	9 %	159
Kontinentale Ges. für elektr. Unternehmungen	5 1/2 %	96,50
Elektrizitätswerke Strassburg	11 %	235
Elektrische Licht- u. Kraftanlagen A. G.	7 1/2 %	129
Elektra A. G.	6 %	110
„Siemens" elektrische Betriebe A. G.	6,5 %	113
Gesellschaft für elektr. Unternehmungen	10 %	166
Deutsch - Ueberseeische Elektrizitäts - Ges.	11 %	169

Die Einflusssphäre der Grossfirmen umschliesst ferner noch eine
Anzahl von der Form und dem Namen nach selbstständigen elektrotechnischen Fabriken. Dabei sind zwei Gruppen zu unterscheiden:
die erste Gruppe umfasst elektrische oder sonstige Spezialindustrien,
die ihrer technischen oder wirtschaftlichen Eigenart wegen nicht in
den fabrikatorischen Rahmen der Mutterfirma hineinpassen; die zweite
Gruppe enthält solche Firmen, deren Fabrikationsgebiet sich ganz
oder teilweise mit dem des Stammhauses selbst deckt; die Werke
dieser Gruppe sind angegliedert worden, um unbequemen Wettbewerb
zu beseitigen und den bisherigen Konkurrenten Arbeitsgebiete zuzu-

---

*) Die Kursangaben beziehen sich, wie auch im folgenden, auf die
Notierungen vom 15. Januar 1914.

weisen, auf denen sie den monopolistischen Bestrebungen der Grossfirmen nicht entgegenarbeiten können.

Zur ersten Gruppe gehören u. a. folgende Werke: Akkumulatorenfabrik Aktiengesellschaft, Plania Werke Aktiengesellschaft und Gebr. Siemens; die Zentralverwaltungen aller drei Unternehmungen befinden sich in Berlin. Die beiden zuletzt genannten Werke beschäftigen sich mit der Fabrikation von Kohlenfabrikaten für elektrotechnische Zwecke. Es ist einleuchtend, dass solche Industrien chemisch-physikalischer Natur, in so enger Verbindung ihre Erzeugnisse mit der Elektro-Industrie auch stehen, sich zur direkten Angliederung unter Aufgabe ihrer Selbständigkeit nicht eignen. Sie müssen nach aussen hin ihre Eigenart bewahren und bis zu einem gewissen Grade auch eine selbständige Verkaufspolitik verfolgen. An der Akkumulatorenfabrik Aktiengesellschaft, kurz „Afag" genannt, sind beide Konzerne interessiert. Sie entstand im Jahre 1890 aus einer bereits seit mehreren Jahren bestehenden Privatfirma. Ihr Aktienkapital beträgt heute 8 Millionen Mark, wozu noch 4½ Millionen Mark Obligationen kommen, die letzte Dividende betrug 25 %. Die Entwicklung dieser Gesellschaft zeigt schon seit Mitte der 90er Jahre konsequent-monopolistische Tendenzen. In systematischer Weise wurden im Laufe der Jahre eine ganze Reihe von Konkurrenzunternehmungen aufgesogen, sodass die Afag heute nahezu ein Monopol für Akkumulatoren besitzt.*) Die Firma besitzt Zweigniederlassungen an den bedeutendsten Plätzen des In- und Auslandes und hat wieder eine Reihe von ausländischen Tochterfabriken in Russland, England, Spanien, Schweiz, Italien, Rumänien und Ungarn gegründet.

In der Varta-Gesellschaft besitzt die Afag noch eine deutsche Verkaufsgesellschaft für den Vertrieb kleiner, tragbarer Akkumulatoren, für die in den letzten Jahren ein grosses Absatzfeld entstanden ist.

Zwischen den beiden Elektro-Konzernen und der Afag bestanden von jeher enge vertragliche Bindungen. Die Grossfirmen mussten ihren ganz bedeutenden Bedarf an Akkumulatoren-Batterien ausschliesslich bei der Afag decken, was wesentlich dazu beigetragen hat, den übrigen Konkurrenten auf dem Akkumulatorenmarkte den Lebensfaden abzuschneiden, denn infolge der Errichtung der vielen grossen Gleichstromzentralen der 80er und 90er Jahre waren A. E. G.,

---

*) Ueber die besonderen Verhältnisse der Akkumulatoren-Industrie und die einzige, noch unabhängige Fabrik, Gottfried Hagen, Köln - Kalk siehe nächstes Kapitel.

Schuckert und S. & H. die hauptsächlichsten Abnehmer für Akkumulatoren. Andererseits partizipieren die elektrotechnischen Grossunternehmungen aber auch an den direkten Verkäufen der Afag.

Von den beiden anderen oben genannten Unternehmungen gehören die Plania-Werke A. G. (Kapital 2 Millionen Mark, letzte Dividende 15 %, Kurs: 262) zur A. E. G. — und die Firma Gebr. Siemens zur Siemens-Gruppe. Die Fabrikation umfasst bei beiden Unternehmungen Kohlenstifte für Bogenlampen, Kohlenbürsten für elektrische Maschinen und Elektroden aus Kohle für elektro-chemische und -physikalische Prozesse.

Der Kreis der Konzernbeteiligung ist aber damit noch nicht geschlossen. Der gewaltige Bedarf an Glaskolben für elektrische Glühlampen, Glasballons für Bogenlampen und Quecksilberdampflampen, sowie sonstigen Gläsern für elektrotechnische Zwecke führte ganz von selbst zu einer Interessenbeteiligung an grossen Glashütten. Im Verein mit elektro-chemischen und Stahlwerken wurden neuartige, gewinnverheissende Methoden zur Luftstickstoff- Ozon- und Elektrostahlbereitung ausgearbeitet. In den Werkstätten der Elektro-Grossfirmen entstanden Spezialapparate für diese Zwecke, und unter Mitwirkung der betreffenden Spezialindustrien und des Grosskapitals wurden im In- und Auslande elektro-chemische und Elektrostahlwerke von zum Teil gewaltigem Umfange gegründet.

Zur zweiten Gruppe von Konzern-Unternehmungen gehören die Bergmann Elektrizitätswerke A. G., Berlin und die Felten & Guilleaume A.-G., Mülheim a. Rh. Die Anlehnung der Bergmann-Werke an den Siemens-Konzern im April 1912 war vorläufig der letzte Akt der gewaltigen, mit der Krise von 1900 einsetzenden Konzentrationsbewegung in der Elektro-Industrie. Bergmann scheiterte an der falschen Spekulation mit leichter Mühe vom reinen Fabrikationsbetrieb zur Unternehmertätigkeit übergehen zu können. Nach dem Aufgehen der Lahmeyer-Gesellschaft im A. E. G.-Konzern lag allerdings die Versuchung nahe, aus einer grossen und blühenden Gesellschaft wie Bergmann, deren Fabrikation so ziemlich alle elektrotechnischen Erzeugnisse umfasst, einen dritten Konzern zu schaffen. Auch schien die Zeit solchen Entwicklungstendenzen in den Jahren 1910/11 sehr günstig zu sein; grosse Projekte für Ueberlandzentralen lagen vor, die Elektrisierung der Vollbahnen, der Bau von städteverbindenden Bahnen waren ins Auge gefasst, und dem Staate und den sonstigen behördlichen Auftraggebern konnte es ja nur willkommen sein, neben den beiden bei solch grossen Projekten vereint vorgehenden Firmen noch einen dritten, technisch ebenbürtigen und unabhängigen Lieferanten zur Verfügung zu haben.

Der Ausbau zu einer Unternehmerfirma und die gewaltsam herbeigeführte Erhöhung des Umsatzes erforderten aber grosse neue Betriebsmittel zur Erweiterung der Fabrikation, Errichtung kostspieliger Zweigbüros und sonstiger Organisationen. Die beiden älteren Konzerne hatten die Entwicklungsjahre schon längst hinter sich. Sie konnten gesichert und stark den Kampf aufnehmen, während bei Bergmann Kampf- und Entwicklungsjahre zeitlich zusammenfielen. Zur Durchführung dieser Expansionspolitik bedurfte die Bergmann-Gesellschaft der Mitwirkung der Grossbanken, und das Verhängnis wollte es, dass sie hinter derselben Deutschen Bank Deckung suchen musste, die auch in hervorragendem Maasse am Siemenskonzern interessiert ist. Damit war das Schicksal von Bergmann besiegelt, denn der Siemenskonzern mit seinem Bankenkonsortium hatte alles andere als ein Interesse daran, einen neuen Wettbewerber grosszuziehen. Andererseits wollte man aber die Firma Bergmann nicht sich selbst überlassen, da sie dann unfehlbar in das Fahrwasser der A. E. G. geraten wäre; auch lag das völlige Aufgehen eines Fabrikunternehmens vom Range von Bergmann nicht im Interesse der siegenden Partei. Somit wurde Bergmann die finanzielle Hilfe gewährt, das Aktienkapital erfuhr eine wesentliche Erhöhung von 29 Millionen auf 52 Millionen Mark, wovon die S. S. W. 8½ Millionen Mark, die Deutsche Bank den Rest übernahm. Gleichzeitig wurde ein maassgebender Direktorposten der Bergmanngesellschaft mit einem Mann aus den Kreisen der S. S. W. besetzt.

Mit den Unternehmerplänen grossen Stils war es für die Bergmann-Gesellschaft nun vorbei, und die bereits früher ins Leben gerufene Finanzierungsgesellschaft von Bergmann, die Bergmann-Elektrizitätsunternehmungen, traten in Liquidation. Somit ist aus dem chemaligen Gegner der S. S. W. ein Bundesgenosse geworden.

Angesichts der grossen Rolle, die Bergmann aber nach wie vor auf dem Markte als Produzent elektrotechnischer Materialien spielt, ist es erforderlich, dass wir uns etwas näher mit den Verhältnissen dieser Firma beschäftigen. Sie wurde im Jahre 1891 als offene Handelsgesellschaft unter der Firma S. Bergmann & Co. in Berlin gegründet. Der Gründer Siegmund Bergmann hatte in den Vereinigten Staaten von Nordamerika die Herstellung von Isolierrohren mit und ohne Metallmantel kennen gelernt und führte dieses Verlegungssystem für Starkstromleitungen mit grossem Erfolg in

Deutschland ein. Damals waren die städtischen Zentralen bereits
zu einer gewissen Entwicklung gelangt, und die elektrische Beleuchtung wurde in Wohnhäusern in grösserem Umfange eingeführt.
Das Isolierrohrsystem liess schon sehr bald alle anderen Verlegungs-
arten weit hinter sich. Die Herstellung der verschiedenen Sorten
Isolierrohre und der Zubehörteile drückt dem Bergmann-Unternehmen
bis auf den heutigen Tag den Stempel auf. Die schon bei der
Gründung ebenfalls aufgenommene Fabrikation von Installations-
material — Schalter, Sicherungen, Abzweigmaterial, Fassungen usw. —
spielte ebenfalls eine wichtige Rolle und stellte Bergmann in die
erste Reihe der Fabrikanten von Installations - Kleinmaterialien.
Der Betrieb erweiterte sich zusehends, und an den grösseren Plätzen
des In- und Auslandes wurden zur schnelleren Versorgung der zahlreichen Kunden, besonders der Installateure, Lager eingerichtet.

Sechs Jahre später war das Unternehmen bereits derartig er-
starkt, dass eine Tochtergesellschaft, die Bergmann-Elektromotoren-
und Dynamo - Werke, ins Leben gerufen werden konnte. Beide
Fabriken trugen bis zur Jahrhundertwende den Charakter von
rein fabrikatorischen Unternehmungen; Installationen wurden noch
nicht ausgeführt. Im Krisenjahre 1900 entstand aus der Fusion der
beiden Werke eine neue elektrotechnische Grossfirma mit 8,5 Millionen Mark Anfangskapital, die heutige Bergmann-Elektrizitäts-A.-G.
Der Konkurrenzkampf mit den älteren Nebenbuhlern nötigte Bergmann jetzt zu häufigen Betriebserweiterungen und zum schnellen
Ausbau der Fabrikation. Es wurden nacheinander die Herstellung
von Kohlenfaden- und Metallfadenlampen, Leitungs- und Isoliermaterialien, Messinstrumenten und Dampfturbinen aufgenommen und
somit der Kreis der Fabrikation geschlossen. Zur Ausnutzung dieser
gewaltig gestiegenen und vielseitigen Produktion genügte die bis-
herige Verkaufsorganisation nicht mehr. Die Installationstätigkeit und der
Bau von Zentralen und Bahnen für eigene Rechnung oder mit starker
Beteiligung wurde, obschon das von den beiden älteren Konkurrenten
zum grössten Teil schon mit Beschlag belegte Terrain für eine er-
spriessliche Unternehmertätigkeit kaum noch Raum gewährte, aufgenommen und kostspielige Installationsbüros eröffnet. Die Zoll-
verhältnisse in Oesterreich - Ungarn und das Beispiel der beiden anderen Grossfirmen zwangen die Bergmann-Gesellschaft dann zur Begründung einer Tochterfabrik in Böhmen. Diese gewaltige, sich
innerhalb von 10 Jahren abspielende Entwicklung hatte das Kapital
bis auf 29 Millionen Mark und die Gesellschaft in völlige Abhängig-

keit von den Grossbanken gebracht. Die vergrösserten Anlagen konnten sich nicht mehr rentieren, und die Dividende sank in kurzer Zeit von 18 auf 5% herab. Was dann weiter folgte, ist bereits oben auseinandergesetzt worden.

Heute ist also die Bergmann-Gesellschaft wieder wie im Anfange in erster Linie auf den Verkauf ihrer Erzeugnisse an Installateure, Private und die Industrie angewiesen; ein guter Kunde ist natürlich der Siemenskonzern, bei dem die Spezialherstellung der vielen tausend Installationsartikel niemals so ausgebildet war wie bei der aus der Spezialindustrie hervorgegangenen Firma Bergmann. Auch die Installationstätigkeit übt Bergmann noch in beschränktem Umfange aus, sonst wäre wohl die grosse Produktion an elektrischen Maschinen und Apparaten schwer unterzubringen, denn die Abnehmer bestellen nicht nur die Maschinen und zugehörigen Apparate, sondern die komplette, betriebsfertige elektrische Anlage.

Die zum A. E. G.-Konzern gehörige Felten & Guilleaume A.-G. in Mülheim a. Rh. mit Zweigniederlassung in Nürnberg und zwei Tochterfabriken, Land- und Seekabelwerke A.-G. Köln-Nippes (gegründet 1898, 6 Millionen Mark Aktienkapital, 10% Dividende) und Norddeutsche Seekabelwerke A.-G. Nordenham (gegründet 1899, Aktienkapital 6 Millionen Mark, 10% Dividende) beherrscht einen grossen Teil der Stark- und Schwachstromkabel-Produktion, sowie vor allen Dingen die Fabrikation der submarinen Telegrafenkabel. Dieser letztere Fabrikationszweig wird es vorzugsweise gewesen sein, welcher der A. E. G. die Angliederung eines der grössten und ältesten deutschen Kabelwerke als wertvoll genug erschienen liess, um das für sie ziemlich wertlose Frankfurter Dynamowerk der früheren Felten und Guilleaume-Lahmeyerwerke mit in den Kauf zu nehmen. Aber das schwierige Seekabelgeschäft kann nicht von heute auf morgen geschaffen werden, dazu gehört nicht allein Kapital und Einfluss, sondern eine jahrzehntelange Entwicklung, und es war entschieden ratsamer, die weltbekannte Felten und Guilleaume-Gesellschaft mit ihren internationalen Beziehungen und technischen Erfahrungen in den Konzern einzubeziehen, als die Herstellung der Seekabel von Grund auf selbst aufzunehmen,

Infolge dieser Angliederung hat der A. E. G.-Konzern auch Einfluss auf die unter Mitwirkung von Felten & Guilleaume gegründeten deutschen überseeischen Telegrafen-Gesellschaften gewonnen, von denen in Zukunft die Ausführung grosser Pläne erwartet werden darf, die zum Ziele haben, Deutschland im überseeischen Telegrafenwesen nach Möglichkeit unabhängig vom Ausland zu machen. Die Beherrschung von Felten & Guilleaume durch die A. E. G. lässt den Vorsprung verschwinden, den die Siemens-Gruppe im Seekabelwesen früher gehabt hat.

Dass zwischen den Elektro-Grossfirmen und der übrigen Grossindustrie besonders enge Beziehungen herrschen, kann nach den vorhergehenden Ausführungen nicht Wunder nehmen. Soweit nicht die Wucht der eigenen Grösse und die auf gewissen Spezialgebieten bereits herrschende monopolistische Stellung der elektrotechnischen Grossfirmen bestimmend eingreifen, veranlassen vielfach die Grossbanken die Industrie, ihre elektrotechnischen Aufträge der A. E. G. und den S. S. W. zuzuwenden. Genau wie die beiden Elektro-Konzerne ist auch die Hütten- und Montan-Industrie heute mit den Grossbanken verbündet, und bei grossen Neuanlagen steht es häufig im voraus fest, welcher von den beiden elektrotechnischen Firmen der Auftrag zufällt. Bei der mittleren und kleinen Industrie sind häufig die den Grossbanken nahestehenden Provinzbanken unter Ausnutzung ihrer lokalen Beziehungen behülflich der Elektro-Industrie Aufträge zu verschaffen.

Auch das „Gegenauftragssystem" spielt in der Elektro-Industrie leider eine grosse Rolle. Der riesige Bedarf an allen möglichen Fremdfabrikaten, zunächst einmal für die vielen Fabriken der Stammhäuser selbst, sodann für die in- und ausländischen, zum Konzern gehörigen Betriebsgesellschaften, macht die Elektro-Konzerne zu gewaltigen Auftraggebern anderer Industrieen und gibt ihnen ein Mittel, um einen Druck auf ihre Lieferanten auszuüben, wenn bei den letzteren elektrotechnische Objekte zur Vergebung gelangen, sodass alle Anstrengungen der kleineren elektrotechnischen Firmen und alle Preiskonzessionen häufig vergebens sind. Schon die blosse Aussicht, dass die Grossfirma bezw. eine ihrer Konzerngesellschaften für einen Teil oder die ganze Kaufsumme der elektrischen Anlage Erzeugnisse des betreffenden industriellen Werkes abnimmt, ist für dessen Entschluss ausschlaggebend.

In engster Verbindung arbeitet die elektrotechnische Grossindustrie auch mit den grossen Hebezeugfabriken. Die meisten Kräne und Aufzüge werden heute elektrisch angetrieben, und angesichts der Bedeutung der deutschen Hebezeugbranche, deren Erzeugnisse nach allen Ländern gehen, haben die Grossfirmen schon früh ihr Augenmerk darauf gerichtet, sich mit Hilfe ihrer Banken einen massgebenden Einfluss auf diesem Gebiete zu verschaffen, sodass heute die grössten Kranbaufirmen überhaupt nur noch mit A. E. G. und S. S. W. zusammen gehen, obwohl auch die elektrotechnischen Spezialfabriken auf diesem Felde durchaus ebenbürtige Leistungen aufweisen.

Noch einige kurze Angaben über die Kapitalverhältnisse und die Arbeiterzahl der beiden Grossfirmen sollen hier eingeschaltet werden. Das Aktienkapital der A. E. G. beträgt 155 Millionen, das Obligationskapital 109 Millionen Mark, der Reserve- und Rückstellfonds enthält 91,6 Millionen Mark. Die Gesamtanlagen standen nach der Bilanz des Geschäftsjahres 1912/13 mit 300 Millionen Mark zu Buche. Der Aktienkurs Mitte Januar 1914 betrug etwa 240 und die letzte Dividende 14 %. An Maschinen und Transformatoren wurden im Geschäftsjahre 1912/13 122 452 Stück mit ca. 2 1/2 Millionen Kilowatt Leistung hergestellt. — Die S. S. W. sind eine G. m. b. H., die aus den beiden Gesellschaftern Siemens & Halske A.-G. und Elektrizitäts-A.-G. vormals Schuckert & Co. besteht. Das Aktienkapital von S. & H. beträgt 63 Millionen Mark, die Obligationsschuld ca. 45 Millionen Mark, die gesamten Reserven 20,5 Millionen Mark. Der Aktienkurs war Mitte Januar 1914 214, die letzte Dividende 12 %. Bei Schuckert beträgt das Aktienkapital 70 Millionen Mark, wozu 50 Millionen Mark Obligationen kommen. Der Aktienkurs Mitte Januar 1914 war 146, die letzte Dividende 8 %. Im Geschäftsjahre 1912/13 wurden von den S. S. W. 132 800 Maschinen und Transformatoren mit nahezu 3 Millionen Kilowatt Leistung abgeliefert. Das gesamte, bei den beiden Konzernen arbeitende Kapital wird auf etwa 4 Milliarden Mark geschätzt, und somit stellen die Elektro-Konzerne zusammen eine der grössten kapitalistischen und wirtschaftlichen Mächte in Deutschland und wohl auf der Erde überhaupt dar.

Die üblichen Angaben über die Arbeiter- und Angestelltenziffern der Elektro-Grossindustrie müssen mit Vorsicht aufgenommen werden, denn es befinden sich hierunter nicht nur die zahlreichen Angestellten der nichtelektrotechnischen Betriebe und der ausländischen Tochterfabriken, sondern auch die Beamten der in- und ausländischen Installationsbüros. Da es in unserem Falle auf die Gegenüberstellung der Grossfirmen mit den deutschen Spezialfirmen ankommt, so dürfen diese Angestellten nicht mitgerechnet werden, denn sonst müsste man z. B. auch das Personal der in- und ausländischen Vertretungen der Spezialfabriken zu deren Angestelltenzahl hinzurechnen.

Die deutsche Elektro-Grossindustrie mit dem ganzen Anhange der zu ihren Konzernen gehörigen Fabrikunternehmungen, mit Ausschluss der im Schwachstrom tätigen Abteilungen, beschäftigen gegenwärtig etwa 95- bis 100 000 Arbeiter und Beamte.

c) Der neue Brown, Boveri-Konzern.

In allerjüngster Zeit ist eine dritte elektrotechnische Grossmacht, der Brown, Boveri-Konzern, auf dem Plan erschienen und beansprucht ebenfalls ihren Anteil am Unternehmergeschäft. Trotz ihrer ausgedehnten und umfassenden Fabrikationstätigkeit musste B. B. bis vor kurzem der Gruppe der elektrotechnischen Spezialfabriken *) zugezählt werden und bildete deren mächtigste Stütze; ihr Ausscheiden hat den Sonderbetrieben einen empfindlichen Verlust bereitet und wesentlich zur Vertiefung der Gegensätze zwischen elektrotechnischen Gross- und Spezialfabriken beigetragen, da Betriebe von annähernd der umfassenden und grosszügigen Betätigung wie B.B. unter den Sonderfabriken nicht mehr vertreten sind.

Die Firma B. B. & Co. ist ein Tochterunternehmen der gleichnamigen Firma in Baden in der Schweiz und wurde im Jahre 1900 mit 6 Millionen Mark Kapital gegründet. Das Kapital ist im Laufe der Jahre auf 9 Millionen Mark erhöht worden, wozu noch 4½ Millionen Mark Obligationen kommen. Obschon das schweizerische Stammhaus von jeher neben der Fabrikation das Unternehmergeschäft gepflegt hat (Trustgesellschaft: „Motor" A. G. für angewandte Elektrizität, Baden) musste die fabrikatorisch ganz selbstständige Tochtergesellschaft bisher den Spezialfabriken zugezählt werden, denn sie trat aus dem Rahmen der Fabrikation und Installation nicht heraus, und das schweizerische Mutterhaus hielt sich seinerseits vom deutschen Unternehmergeschäft fern.

Den Anstoss zur Gründung der deutschen Firma B. B. & O. hatten die Parson'schen Dampfturbinenpatente gegeben, deren Fabrikationslizenz das Badener Stammhaus u. a. auch für Deutschland erworben hatte. Die Fabrikation von Turbo-Generatoren bis zu den grössten Leistungen ist denn auch immer die Grundlage des Mannheimer Werkes gewesen. Im Laufe der Zeit wurden die anderen elektrotechnischen Spezialitäten angegliedert, in der Absicht, den Ring der Fabrikation nach dem Muster der beiden Gross-Konzerne zu schliessen und vom Fremdbezug möglichst unabhängig zu werden. In den letzten Jahren hat dann die Expansionspolitik bei B. B. &. C. ein besonders schnelles Tempo eingeschlagen, indem fremde Spezialfabriken angegliedert wurden. So wurde vor einigen Jahren die Saarbrücker Elektrizitäts-A.-G. erworben, die seit dieser Zeit als Zweigfabrik für Kleinmotorenbau weiter betrieben wird. Erst vor ganz kurzer Zeit gliederte sich B. B. & C. die Rheinischen Draht- und Kabelwerke G. m. b. H., Cöln-Niehl, an, ohne

---

*) Definition der „elektrotechnischen Spezialfabriken" siehe im nächsten Kapitel.

aber zunächst die selbstständige Form dieses Unternehmens zu ändern. Dieses Werk, das bisher ausschliesslich isolierte Leitungen herstellte, soll zu einem grossen Kabelwerk ausgebaut werden. Das Badener Stammhaus besitzt ferner sämtliche Aktien der Isaria Zähler-Werke A. G. in München, die zu den leistungsfähigsten Fabriken für Zähler, Klein-motoren und Ventilatoren gehört. Auch die Installationstätigkeit ist von B. B. & C. in grossem Umfange aufgenommen worden, und zur Beschleunigung dieser Entwicklung sind vor einigen Monaten die pfäl-zischen Installationsbüros einer Mannheimer Firma Stotz & Co. über-nommen worden.

Auch die Gründung der Oesterreichischen Brown, Boveri-Werke A.-G., Wien, ist ein Zeichen für die Expansionsbestrebungen des B. B.-Konzerns.

Die Tendenz auf dem schnellsten Wege ein grosses „gemischtes" Elektro-Werk zu werden, ist also unverkennbar, und da eine organische, langsam fortschreitende Expansion heute nicht mehr möglich ist, hat man zu dem schneller wirkenden Mittel der Assimilation der noch fehlen-den Spezialindustrien gegriffen. Diese fabrikatorischen Ausdehnungs-bestrebungen sind übrigens, ganz abgesehen vom Unternehmergeschäft, für ein Unternehmen von der Bedeutung von B. B. & C. eine absolute Notwendigkeit, um dem Wettbewerb der beiden Grossfirmen entgegen-treten zu können. Besonders auf dem Gebiete der Turbo-Generatoren und sonstigen grossen elektrischen Maschinen -- B. B. & C. ist auf diesem Gebiete eine führende Firma, sie hat erst im vorigen Jahre vom kom-munalen Elektrizitätswerk Mark in Hagen den Auftrag auf einen Turbo-Generator von 30 000 KW, der grössten bisher gebauten Turbine, er-halten — hat der Konkurrenzkampf die schärfsten Formen angenommen und zu Preisen geführt, die vielfach einen Verdienst ganz ausschliessen. Die Lieferung solch großer Maschinen ist zu einem Gegenstand der Reklame und der Referenz geworden; irgendwo einen grossen Turbo-Generator oder Umformer laufen zu haben, ist ein solch erstrebenswertes Ziel geworden, dass jedes Preisopfer dafür gebracht wird. Es ist eine interessante Tatsache, dass der Verdienst im Grossmaschinenbau trotz der geringen Anzahl der Mitbewerber und der leichten Möglichkeit der Verständigung ein recht bescheidener und häufig sogar negativer ist. Allerdings ist dabei auch zu berücksichtigen, dass die Bearbeitung und der Transport der riesigen Maschinenteile ausserordentlich kostspielige Werkzeugmaschinen und Hebevorrichtungen erfordert, die nur schlecht ausgenutzt werden, da solche grossen Maschinen zu selten vorkommen, und eine rationelle Massenherstellung ausgeschlossen ist. Nun werden die Maschinen aber vielfach in Verbindung mit anderen Teilen der elektrischen Kraftübertragung (Kabel, Schaltanlagen und Motoren) geliefert, und derjenige Lieferant, in dessen Betrieben auch diese Ausrüstungsgegenstände hergestellt werden, hat einen bedeutenden Vorsprung vor demjenigen, der sie am Markte kaufen muss. Es ist also bei grossen Objekten von Wichtigkeit, über eine möglichst vielseitige Fabrikation zu verfügen. Der geringe Verdienst an den grossen Maschinen wird dann kompensiert durch den Gewinn an den anderen Teilen der Anlage. So zwingen also die Verhältnisse eine Gross-Maschinenfabrik wie B. B. & C. zu einer umfassenden fabrikatorischen Ausdehnung.

Jetzt heisst es aber für die gewaltig vergrösserte Werkanlage genügend Arbeit finden. Den beiden Grossfirmen geben ihre eigenen Gründungen das, was sie nicht am freien Markte finden, und so ist also B. B. & C. durch die Natur der Dinge zum Unternehmergeschäft gekommen. Unlängst berichteten die Zeitungen von der unter Mithilfe der Rheinischen Kreditbank in Mannheim erfolgten Gründung der Firma Elektrische Kraftversorgung-A.-G., Mannheim, die sich in enger Anlehnung an den Brown, Boveri-Konzern der Unternehmer- und Finanzierungstätigkeit widmen will. Der Gegenstand der neuen Gesellschaft ist gemäss dem Prospekt „Errichtung, Erwerb, jede Art der Veräusserung, Pachtung, Verpachtung und Betrieb von Einrichtungen und Anlagen zur gewerbsmässigen Lieferung und Verwendung von Elektrizität; ferner die Übernahme und Durchführung von Finanzgeschäften, soweit diese Bezug haben auf die Vorbereitung, den Erwerb, den Betrieb oder die Veräusserung von Unternehmungen im gesamten Gebiete der Elektrizität. Das Aktienkapital beträgt 8 Millionen Mark. Durch Uebernahme einer Reihe bereits weit vorbereiteter Geschäfte wird die Gesellschaft sogleich ein geeignetes Betätigungsfeld finden." Der Aufsichtsrat dieser neuen Trustgesellschaft besteht in der Hauptsache aus den Grossaktionären und Direktoren der beiden Brown, Boveri-Gesellschaften, sowie aus Delegierten der Rheinischen Kreditbank. Inzwischen ist der deutsche Brown, Boveri-Konzern auch schon in Aktion getreten. Zusammen mit der Elektrizitäts-Aktiengesellschaft Schuckert & Co., die seit Bildung der S. S. W. nur noch den Charakter einer Trustgesellschaft hat, ist ein Aktienunternehmen zur Elektrizitätsversorgung des grössten Teils von Unterfranken und des westlichen Oberfrankens ins Leben gerufen worden. Ob dieses Zusammengehen mit der Siemensgruppe mehr zufällig oder das erste Symptom einer beginnenden Annäherung ist, muss abgewartet werden. Ueberhaupt ist es mehr als fraglich, ob neben den gigantischen, festkonsolidierten beiden Gruppen der A. E. G. und S. S. W. in Deutschland noch Raum für eine dritte ist, und ob die Grossbanken, deren Mitwirkung bei Durchführung grosser Pläne die B. B.-Gesellschaft nicht wird entbehren können, einen dritten Konkurrenten zulassen werden. Da Deutschland so ziemlich abgegrast ist, soll sich vielleicht die deutsche Gruppe des B. B.-Konzerns mehr auf die Erschliessung des Auslandes verlegen, wo ja noch grosse Aufgaben, wie z. B. die Elektrifizierung der Balkanländer und der asiatischen Türkei, der Lösung harren.

Es ist aber schwer anzunehmen, dass die Firma B. B. & C. vom Schicksal ihrer beiden Vorgängerinnen Lahmeyer und Bergmann ereilt werden wird; dazu ist die B. B.-Gruppe technisch und finanziell zu gut fundiert, und ihre Aufsaugung würde zu gewaltige Opfer erfordern.

Wenn sich auch dieser jüngste Konzern an Machtfülle und Einfluss mit seinen beiden älteren Brüdern nicht messen kann, seine Existenz wird, sofern er auch in Zukunft eigene Wege geht, von Einfluss sein müssen und den Monopolisierungsbestrebungen der beiden anderen Konzerne häufig wirksam entgegenarbeiten können. Vor allem ist zu erwarten, dass die B. B.-Gruppe, die in der Schweiz (Simplon, Lötschberg) ihre grosse Leistungsfähigkeit auf dem Gebiete des Baues elektrischer Vollbahnen schon bewiesen hat, bei der bevorstehenden Elektrisierung von Vollbahnen in Deutschland und dem Bau von städteverbindenden Schnellbahnen als ebenbürtige Konkurrentin auftreten wird. Die preussische Staatseisenbahnverwaltung hat durch die Bestellung von 15 elektrischen Vollbahn-Lokomotiven an B. B. & C. bewiesen, dass sie bestrebt ist, sich diese Konkurrenzverhältnisse zu Nutze zu machen.

d) Zusammengefasste Darstellung der Wesensart und Bedeutung der elektrotechnischen Grossfirmen. der Konzentrationsprozess.

Fassen wir die vorstehenden Ausführungen, die natürlich nur in grossen Zügen über die Betriebs-, Verkaufs- und Finanzorganisation der Elektro-Konzerne unterrichten sollen, ohne auf Vollständigkeit Anspruch zu machen, nochmals zusammen:

Bei den Elektro-Grossfirmen finden wir sämtliche Produktionsstaffeln vereinigt. In Nebenbetrieben werden die Halbfabrikate und Hilfsprodukte hergestellt. Die Produktion ist in eine ganze Reihe von zum Teil auch räumlich getrennten Teilfabriken aufgelöst, die durch eine straffe, mustergiltige Organisation zusammengehalten und alle demselben Zweck dienstbar gemacht sind. Fremde Bezüge werden nach Möglichkeit ausgeschaltet, und zu diesem Zwecke sogar wesensfremde Industrien, wie die Fabrikation des elektrotechnischen Porzellans, aufgenommen. Handelt es sich um wichtige Hilfsprodukte, deren Herstellung aus technischen und wirtschaftlichen Gründen im eigenen Betriebe nicht angängig ist, dann werden unter Mitwirkung der verbündeten Grossbanken besondere Industriezweige gegründet, die mit genügender Bewegungsfreiheit ausgerüstet werden, um neben dem eigentlichen Zweck der Versorgung des Mutterhauses auch noch sonstige Beziehungen zu unterhalten, was in den Fällen von Vorteil sein wird, in denen es ratsam erscheint, statt des Stammhauses eine dem Namen nach selbständige Tochtergesellschaft in den Vordergrund treten zu lassen.

Zweigniederlassungen, die den direkten Verkehr mit den Abnehmern und besonders das Installationsgeschäft pflegen, sowie besondere Organisationen zur Bearbeitung der Wiederverkaufskundschaft, sind über das ganze In- und Ausland verbreitet. In den Hauptausfuhrländern bestehen Tochterfabriken für diejenigen Erzeugnisse, deren Einfuhr durch Zollschranken erschwert oder unterbunden ist.

Diese gewaltige horizontale und vertikale Ausbreitung — horizontal: Entwicklung der eigenen Fabrikation, vertikal: Angliederung von Hilfsindustrien — der Gross-Elektro-Industrie war die notwendige Voraussetzung zur Lösung der grossen in- und ausländischen Elektrifizierungsaufgaben, wozu nur solche grosskapitalistischen Unternehmer befähigt waren, welche die ganze elektrotechnische Produktion lückenlos beherrschten.

Wir sehen dann weiter die Elektro-Industrie zur Unternehmerin grössten Stils werden. Die direkten Aufträge genügten bei weitem nicht mehr zur Ausnutzung der gewaltigen Produktionsmittel und zur Unterbringung der unablässig zunehmenden Massenerzeugung. Auch waren die als Auftraggeber in Betracht kommenden Kreise der neuen Energieform gegenüber vielfach noch zurückhaltend und abwartend, während die junge Elektro-Industrie in vorwärts stürmendem Ungestüm die Welt erobern wollte.

So wird die elektrotechnische Grossindustrie zu ihrer eigenen Auftraggeberin. Sie umgibt sich mit einem Kranze von Tochtergesellschaften. Die Grossbanken mit dem Anhange der Prozinzbanken treten mitbestimmend in den neuen Kreis ein, und die Verflechtungen werden so engmaschig, dass oft nicht zu unterscheiden ist, wo die fabrikatorische Arbeit aufhört und die bankmässige anfängt.

Die Grossbanken, unterstützt von den zu ihrem Konzern gehörigen Provinzbanken, üben einen zunehmenden Druck auf die von ihnen abhängigen Industriekreise aus, um der Elektro-Industrie Aufträge zu verschaffen. Dies geht soweit, dass bei vielen Betrieben der Montanindustrie, deren Beziehungen zu den Grossbanken besonders innige sind, andere elektrotechnische Grosslieferanten als A. E. G. und S. S. W. kaum mehr in Frage kommen.

In der Institution des Aufsichtsrats ist ein Organ gegeben, durch welches diese monopolistischen Konzentrationsbestrebungen noch unterstützt werden; durch wechselseitige Vertretung im Aufsichtsrat machen sich sehr starke Einflüsse zu Gunsten der elektrotechnischen Industrie geltend.

Das Fabrikationsunternehmen bestimmt fortan nicht mehr ausschliesslich den Unternehmergewinn; es treten grosse, wachsende Finanzgewinne dazu, sodass der Aussenstehende nicht mehr beurteilen kann, aus welchen Quellen die Erträgnisse fliessen. Seit der Krisis um die Jahrhundertwende mit ihrem scharfen Konjunkturbruch beginnt sich der Konzentrationsgedanke noch stärker durchzusetzen. Eine Anzahl von unsicher fundierten, in der Finanzierung und Gründung über ihre Kräfte hinausgegangenen Unternehmungen werden beseitigt oder aufgesaugt. Der Auslandskampf wird in stärkerem Masse aufgenommen als bisher, wobei die beiden Konzerne zum Teil gemeinsam vorgehen, und ein enges Netz von Interessenverflechtungen überspannt alle Weltteile. Als alleinherrschend heben sich immer deutlicher und unwiderruflicher die beiden Konzerne der A. E. G. und S. S. W. heraus, die bei ihrer fabrikatorischen Expansion, sowie bei den Gründungsgeschäften vorsichtig und stets im Rahmen der eigenen Kräfte vorgegangen waren.

Der Zusammenschluss der Elektro-Industrie bringt dann wieder die Grossbanken in nähere Beziehungen und gibt Veranlassung zu einer wechselseitigen Befruchtung. Die Grossbanken spielen bei diesen ganzen Prozessen die Rolle der „Schrittmacher und Pioniere des Zusammenschlusses."

Zweifellos hat dieser Konzentrationsprozess mit seinen Tendenzen der Vereinheitlichung und Beherrschung des ganzen Industriezweiges die vorher im Konkurrenzkampf nutzlos vergeudete Kraft für neue Arbeit frei gemacht und durch Zusammenfassung von früher einander entgegenarbeitenden Kräften die Gesamtleistungsfähigkeit gewaltig erhöht. Die rasche Entwicklung, der besonders in der Elektro-Industrie sehr fühlbare internationale Wettbewerb, drängen geradezu zur Vereinheitlichung der Arbeit und zur Vermeidung der Zersplitterung.

So ist es gekommen, dass sich in diesem Industriezweig der Konzentrationsgedanke mit besonderer Schärfe herausgebildet und zu früher unbekannten Riesenunternehmungen geführt hat.

Ferner hat die Konzentrationsentwicklung, die ja nicht nur in der Elektro-Industrie, sondern zur gleichen Zeit auch in anderen Industriezweigen zu beobachten ist, wesentlich zur Milderung der Krisengefahr beigetragen. Die heftigen Erschütterungen, welche das Wirtschaftsleben früher mit einer gewissen Regelmässigkeit heimgesucht haben, werden entweder vermieden, oder sofern sie auf höhere Gewalten zurückgehen, gemildert. Aus Krisen werden, wie der letzte Geschäftsbericht der A. E. G. ausführt, „vorübergehende Einsenkungen der Konjunktur".

Da bei den grossen Objekten — vor allem Errichtung moderner Riesenzentralen, Elektrifizierung von Vollbahnen — neben den beiden Elektro-Grossfirmen in Deutschland keine erhebliche Konkurrenz mehr in Frage kommt, so findet in vielen Fällen eine Verständigung und Arbeitsteilung statt, und es scheint ausgeschlossen, dass solche früher sehr riskanten Grossanlagen zu verlustbringenden Preisen hereingeholt werden.

Es darf auch nicht geleugnet werden, dass der bahnbrechende Wagemut und die kühne Unternehmungslust der Grossfirmen auf die Entwicklung des Gesamtfaches von allergrösstem Einfluss gewesen sind. Heute erscheint uns die Rentabilität eines städtischen Elektrizitätswerkes oder einer Strassenbahn als völlig selbstverständlich. In den 80er, selbst noch in den 90er Jahren, waren aber die Rentabilitätsgrundlagen für solche Anlagen noch durchaus unsicher, und ohne die kühne Initiative der grossen Elektrizitätsgesellschaften hätte sich die Entwicklung nicht so schnell vollzogen, und würde Deutschland auf dem Gebiete der Elektro-Industrie nicht führend sein. Der damalige Staatssekretär des Inneren, Posadowsky, führte am 13. Dezember 1904 im Reichstage zu diesem Thema folgendes aus:

„Aber man darf auch nicht vergessen, dass auf dieser Asso-
„ziation des Kapitals sozusagen unser ganzer Kulturfortschritt
„beruht. Würden wir denn ein so hoch kultivierter Staat sein,
„wie Deutschland jetzt ist, ohne die Assoziation des Kapitals?
„Haben wir denn nicht durch die Assoziation des Kapitals alle die
„grossen Verkehrseinrichtungen, die einem Kulturstaat den Stempel
„aufdrücken, erst erreicht? Und wie kommt es, dass andere kapital-
„ärmere Staaten auch kulturell rückständig sind? Weil sich dort
„die Assoziation des Kapitals nicht bilden kann, weil man dort
„nicht den Mut und die Rechtssicherheit hat, sich zu grossen Unter-
„nehmungen zu vereinigen und die Kultureinrichtungen zu schaffen.

„auf die wir schliesslich doch stolz sind, und deren wir uns erfreuen.‟

Diese wesentlich dem Zusammenschluss und Konzentrationsprozess zu verdankende Stetigkeit und Sicherheit in der elektrotechnischen Produktion ist natürlich auch von günstigem Einfluss auf die Entwicklung der ausserhalb der Konzerne stehenden Elektro-Industrie, also in erster Linie der Spezialfabriken gewesen und hat diesen eine Fülle von Aufgaben zugewiesen, was bei allen Gegensätzen nicht verkannt werden darf.

Aber die Konzentration beschwört andererseits eine grosse Gefahr herauf, nämlich die der Vertrustung und Monopolisierung der Elektro-Industrie. Auf diese wichtige Frage, die gerade in den letzten Jahren zu heftigen Kämpfen zwischen den Gruppen der elektrotechnischen Gross- und Spezialindustrie Veranlassung gegeben hat, werden wir im Laufe der Untersuchung noch Gelegenheit haben zurückzukommen.

III. Die elektrotechnischen Spezialfabriken.

a) Begriff der elektrotechnischen Spezialfabrik.

Die elektrotechnischen Spezialfabriken können nach den vorangegangenen Ausführungen in einfacher Weise wie folgt definiert werden: Alle elektrotechnischen Fabrikbetriebe, die nicht in den wirtschaftlichen und kapitalistischen Bereich der beiden Elektro-Konzerne fallen, gehören zur Gruppe der Spezialfirmen. Wir müssen aber auf diese Definition noch etwas näher eingehen. Streng genommen bedeutet „Spezial-Fabrikation‟ die Beschränkung auf ein technisch wie wirtschaftlich streng abgegrenztes Teilgebiet, also z. B. auf elektrische Maschinen, Messinstrumente, Glühlampen usw., wobei natürlich jede dieser Teilindustrien ihrerseits wieder in Unterabteilungen zerfallen kann, auf die es aber bei dieser Betrachtung nicht ankommt. Diese Spezialfabriken im engsten Sinne des Wortes sind auch tatsächlich in der Elektro-Industrie heute noch überwiegend.

Aber auch in die Elektro-Spezialindustrie hat eine Expansions- und Konzentrationspolitik im Kleinen ihren Einzug gehalten. Viele Spezialfabriken haben sich benachbarte elektrotechnische Fabrikationszweige angegliedert. Teils sind es die guten Erfolge der bisherigen Fabrikation und das dadurch angewachsene, auch für andere Zwecke freigewordene Kapital, teils ist es das Bestreben, das unverkennbare Risiko der allzustrengen Spezialisierung zu vermindern, wodurch solche Expansionspläne bestimmt werden. Häufig werden die Spezialfirmen aber auch direkt gezwungen, neue Fabrikationszweige aufzunehmen, weil die ungemein schnell fortschreitende Entwickelung bisher lukrative Industrien entwertet und neue hochbringt, wobei man ja nur an die Kohlenfadenlampen einerseits und die Metallfadenlampen andererseits zu denken braucht. Handelt es sich bei der Aufnahme neuer Zweige um solche, für welche die bereits vorhandenen Abnehmerkreise in Frage kommen, sind also für den Verkauf keine neuen Organisationen zu schaffen, so wird die Expansion zweifellos häufig die Generalunkosten herabmindern und das Erträgnis steigern.

An die Stelle der eigenen Produktionserweiterung tritt bei den elektrotechnischen Spezialfabriken in manchen Fällen auch Interessenbeteiligung bei verwandten Spezialindustrien, oder gar der direkte Kauf solcher Unternehmungen, wobei in der Regel aus organisatorischen Gründen die äussere selbständige Form des angegliederten Werkes bestehen bleibt, genau so, wie wir dies bereits in der Elektro-Grossindustrie gesehen haben.

Die meisten Sonderfabriken für elektrische Maschinen betreiben als Nebenzweig das Installationsgeschäft und unterhalten zu diesem Zweck nach dem Muster der Elektro-Grossfirmen Zweigniederlassungen. Die elektrotechnische Maschinenindustrie ist nämlich infolge der Verhältnisse direkt gezwungen die Installationstätigkeit zu betreiben, denn die Montage von mehrhundertpferdigen Maschinen kann keinem fremden Unternehmer überlassen werden, für dessen Arbeiten der Fabrikant dem Besteller gegenüber schliesslich die Garantie zu übernehmen hätte, da der letztere sich doch immer an den Lieferanten der Maschine, als des wesentlichsten Bestandteils der Anlage halten wird. Mit der Aufstellung und Inbetriebsetzung der Dynamomaschine allein ist es noch nicht getan; gewöhnlich handelt es sich um eine grössere Kraftübertragungsanlage, d. h. es kommt auch ausser dem Generator noch die Lieferung und Verlegung eines umfangreichen Kraft- und Lichtverteilungsnetzes, sowie von Motoren und sonstigen stromverbrauchenden Apparaten in Frage. Es ist in der Elektrotechnik von jeher üblich gewesen, die Lieferung der Einzelteile und die Ausführung der Installation der Gesamtanlage in eine Hand zu legen. Die Besteller finden es nicht nur bequemer nur mit einem Lieferanten zu verhandeln, sondern sie wollen vor allem eine Garantie für den Endeffekt des ganzen Anlageapparates haben, was nur bei einheitlicher Herstellung, bezw. Lieferung gewährleistet ist. So sind also die Spezialfabriken elektrischer Maschinen genötigt, aus ihrem fabrikatorischen Rahmen weit hinauszutreten und ein umfassendes Installationsgeschäft mit seinem grossen und kostspieligen Filialapparat zu betreiben. Würden sie sich nur auf die Lieferung der Maschinen beschränken und die Ausführung der Installation ablehnen, dann würde sofort ihre gefährlichste Konkurrenz, die Elektro-Grossfirma, bezw. deren für die betreffende Anlage in Betracht kommendes Installationsbüro, auf dem Plan erscheinen und das Geschäft an sich bringen.

Die Trennungslinie zwischen Elektro-Grossfirmen und Spezialfabriken wird weder durch horizontale oder vertikale Fabrikations-erweiterung noch durch die Aufnahme der Installationstätigkeit verschoben. Diesen rein äusserlichen Merkmalen gegenüber spielt die „Unternehmertätigkeit" in dem vorher erläuterten Sinne eine ökonomisch derart ausschlaggebende Rolle, dass die Trennung unbedingt an diesem Punkte einzusetzen hat: Fabrizierende elektrotechnische Firmen, auch solche, welche die Installations-tätigkeit oder mehrere Fabrikationszweige pflegen werden als Spezialfabriken bezeichnet, wenn die Fabrikation Selbstzweck ist, dagegen werden Firmen, die neben der Fabrikation direkt oder indirekt Unternehmer- Finanzierungs- oder Beteiligungsgeschäfte in solchem Umfange betreiben dass darin ein Hauptteil ihrer geschäftlicher Tätigkeit zu erblicken ist, im Sprachgebrauch Elektro-Grossfirmen genannt.*)

Dass diese Definition in den beteiligten Kreisen als richtig empfunden wird, geht z. B. daraus hervor, dass sich in der vor einiger Jahren gegründeten Vereinigung elektrotechnischer Spezialfabriken deren Zweck in erster Linie die Wahrnehmung der Interessen ihrer Mitglieder gegenüber den Uebergriffen der beiden Konzerne ist, fast all Werke, wenigstens sämtliche grösseren, zusammengefunden haben, di vorhin als elektrotechnische Spezialfirmen definiert worden sind. Es is dies mehr als alle Argumente ein Beweis, dass die mannigfachen, di einzelnen Betriebe trennenden Momente als viel unerheblicher angesehe werden als das einigende Moment der gemeinsamen Gegensätzlichkei zu den Elektro-Grossfirmen.

---

*) Die Bezeichnungen „Spezialfirma" und „Grossfirma" sind streng genommen nicht ganz korrekt, denn nach der obigen Definition können z den Spezialfabriken auch ganz grosse Unternehmungen mit umfassender Fabrikationsprogramm gehören, und andererseits sind Unternehmerfirme mit verhältnismässig bescheidener Fabrikation denkbar, die aber nac unserer Erklärung ebenfalls zu den Grossfirmen gehören würden. Wi folgen aber in der Anwendung der Bezeichnungen dem Sprachgebrauch

b) Statistische Uebersicht über die Spezialfabriken.

Es ist selbst in Fachkreisen der Irrtum verbreitet, dass die elektrischen Sonderfabriken aus den Grossfabriken hervorgegangen, bezw. erst im Laufe der Entwicklung entstanden seien. Vielmehr sind einzelne Fabrikationsbetriebe, die teilweise heute noch bestehen und eine führende Rolle einnehmen, mit dem ausgesprochenen Charakter der Spezialisierung schon Ende der 70er und anfangs der 80er Jahre gegründet worden, als sich gerade die ersten Keime der Starkstromtechnik zeigten. Wir werden zeigen, dass diese Betriebe mindestens dieselbe Pionierarbeit für die Entwicklung ihres Faches geleistet haben wie die Grossfirmen, nur dass ihre Leistungen der grossen Oeffentlichkeit nicht so zugänglich sind, wie die der Elektrokonzerne mit ihrem gewaltigen Apparat.

Freilich lag der Schwerpunkt der Industrie bis Anfang der 90er Jahre noch ganz bei wenigen Grossfirmen. Die ausserordentlich schnelle Einführung der elektrischen Licht- und Kraftübertragung rief aber einen wachsenden Bedarf an Maschinen, Apparaten, Leitungs- und Isoliermaterialien, Bogenlampen und Glühlampen usw. hervor. Dadurch wurde aber die Errichtung einer steigenden Anzahl solcher Fabriken notwendig, die sich nur mit der Herstellung einzelner elektrotechnischer Erzeugnisse unter Ausschluss der Installations- und Gründungstätigkeit befassten, d. h. es waren die Vorbedingungen zur Entstehung einer umfassenden und leistungsfähigen elektrotechnischen Spezialindustrie gegeben.

Die Uebersicht über die elektrotechnischen Sonderfabriken wird sehr erschwert durch ihre Heterogenität, wodurch sie statistisch schwer zu erfassen sind. Vom Grossbetriebe mit einer nach Tausenden zählenden Angestelltenzahl und einem Millionenumsatz bis zum Kleinbetriebe mit fast hausindustriellem Charakter geht es durch alle Skalen hindurch. Nur verhältnismässig wenige Unternehmen werden als Aktiengesellschaften betrieben, und von diesen hat ein Teil zwar die Form aber nicht den Geist der Aktiengesellschaft, indem die Aktien sich im Familienbesitz der Gründer bezw. Vorbesitzer befinden, und es ist klar, dass die Geschäftspolitik in solchen Fällen abweichend ist von derjenigen von Aktienunternehmungen, deren Anteile am Markte gehandelt werden, und die der Kritik der Oeffentlichkeit und der Aktionärversammlung ausgesetzt sind. Von den auf aktiengesellschaftlicher Grundlage beruhenden Spezialfabriken sind es übrigens auch nur wenige, deren Aktien an der Börse eingeführt sind. Meist sind die Aktien ohne Börsennotiz und werden sich daher ebenfalls in wenigen Händen befinden, da das grosse Publikum nicht gerne Papiere kauft, deren Bewertung eine mehr oder minder willkürliche ist. Aber weitaus die meisten Spezialfabriken, darunter einige der allergrössten, werden als Gesellschaften mit beschränkter Haftung, offene Handelsgesellschaften oder einzelkaufmännische Unternehmungen betrieben. Diese Unternehmungsformen sind naturgemäss statistisch äusserst schwer zu erfassen, zumal die Inhaber in der Regel bemüht sind aus Konkurrenzrücksichten ihre inneren Angelegenheiten aufs engste zu behüten. Wenn daher die weiter unten folgenden statistischen Angaben teilweise lückenhaft und unbestimmt sind, so liegt dies lediglich daran, dass es nicht möglich war, eingehenderes Material zu beschaffen. Die Verhältnisse werden auch dadurch undurchsichtig, dass manche Spezialfabriken nur Teile von Betrieben sind, die im übrigen der Elektrotechnik fern stehen. So haben z. B. die Maschinenfabrik Esslingen und die Braunschweigische Maschinenbau-Anstalt A.-G. ihren Fabriken elektrotechnische Abteilungen angegliedert, die vornehmlich auf dem Gebiete der Gasapparate tätige Firma Jul. Pintsch, A.-G. Berlin, fabriziert auch elektrische Glühlampen. Es ist natürlich ausgeschlossen, das in den elektrischen Abteilungen investierte Kapital für sich zu ermitteln, und ebenso wenig kann festgestellt werden, ob und in welchem Maasse die elektrische Produktion zur Gesamtrentabilität beiträgt.

Eine sorgfältig durchgeführte Statistik der „Vereinigung der Spezialfabriken" hat ergeben, dass die Gesamtzahl der elektrotechnischen Fabriken einschliesslich all der kleinen Betriebe, die im üblichen Sinne noch als Fabriken gelten können, etwa 350 beträgt. Eine Rundfrage in den Jahren 1910/11 wurde von insgesamt 278 Firmen beantwortet und ergab folgendes Bild: 250 Starkstromfabriken mit 57 000 Angestellten, 10 Fabriken elektro-magnetischer Zündapparate mit 5200 Angestellten. Die Gesamtzahl der Arbeiter und Angestellten sämtlicher etwa 350 Spezialfabriken kann für das Jahr 1913 mit ziemlicher Sicherheit mit 75 000 bis 80 000 angenommen werden, denn in die Jahre 1910—1912 fällt eine gewaltige Entwicklungsepoche der Elektro-Industrie, und trotz der Verluste, welche die Spezialfabriken in dieser Zeit durch den Uebergang einiger grossen Werke an die Elektro-Grossindustrie erlitten haben, ist ihre Arbeiterzahl beträchtlich angewachsen. Die Zahlen zeigen auch befriedigende Uebereinstimmung mit den statsitischen Ergebnissen der Berufsgenossenschaft für Elektrotechnik und Feinmechanik. Die Ziffer bleibt nicht weit zurück hinter der Angestelltenzahl der beiden Grosskonzerne, die mit Einschluss von Bergmann, Felten & Guilleaume und B. B. & Co. heute zu etwa 100 000 angenommen werden kann.

Die Arbeiter der Elektro-Industrie gehören zu den bestbezahltesten der deutschen Industrie; die feinmechanischen elektrotechnischen Spezialzweige zahlen an die Elite ihrer Arbeiterschaft Tageslöhne bis zu 12 Mark.

In sozialer Hinsicht ist die Feststellung interessant, dass die elektrotechnische Industrie, also auch die Spezialindustrie, besonders viele Beamte beschäftigt. Nach der Betriebszählung vom 12. Juni 1907 war das Verhältnis der Beamten zu den Arbeitern in den folgenden Gewerbezweigen: elektrische Maschinen, Apparate, Installationen und Elektrizitätswerke: 1 : 4,3 gegenüber 1 : 7,9 in der Gesamtgewerbeklasse der Maschinenindustrie, Apparate und Instrumente. Diese hohe Beamtenzahl ist darauf zurückzuführen, dass die technische und kaufmännische Leitung in der vorwiegend qualitativen Charakter tragenden Elektrizitätsindustrie sehr hohe und vielseitige Anforderungen stellt.

Die hohen Arbeitslöhne einerseits und die grosse Beamtenzahl andererseits tragen mit dazu bei, dass die Rentabilität der elektrotechnischen Fabrikation, wenn von Finanzgewinnen abgesehen wird, nur eine verhältnismässig bescheidene ist; andere Gründe für diese Erscheinung sind der äusserst scharfe Wettbewerb sowohl der Spezialfabriken untereinander als der mit den Grosskonzernen und die immer mehr erstarkende Elektro-Industrie des Auslandes, wodurch auch der Kampf auf dem Weltmarkte heftiger wird. Einer Arbeit von Moll über die Geschäftsergebnisse der deutschen Aktiengesellschaften im Jahre 1911/12 entnehmen wir, dass das Jahreserträgnis, auf Grundkapital und offene Reserven bezogen, bei 45 Gesellschaften der Elektro-Industrie in den 5 Jahren von 1907/08 bis 1911/12 andauernd gesunken ist, und zwar von 8, 70 % auf 7,74 %, während in der gleichen Periode das Jahreserträgnis von 89 Elektrizitätswerken, die ebenfalls in der Form der Aktiengesellschaften betrieben werden, von 8,50 % auf 9,99 % gestiegen ist. Es geht also daraus hervor, dass das Kapital sicherer und mit besseren Gewinnaussichten in Elektrizitätsunternehmungen als in der fabrizierenden Industrie angelegt wird. Auf das Aktienkapital bezogen, zeigt sich ein ähnliches, wenn auch nicht ganz so schroffes Bild; in der fabrizierenden Industrie sind die Dividenden von 8 % auf 7,49 % gefallen, während sie bei Elektrizitätswerken von 8,20 auf 9,13 % gestiegen sind.

Von dem für 1912 auf 1¼ Milliarden geschätzten Gesamtumsatz der deutschen Elektro-Industrie entfällt auf die Spezialindustrie wahrscheinlich ½ Milliarde. Positive Angaben hierüber, sowie über das in ihr investierte Betriebskapital sind leider zur Zeit nicht zu erhalten.*) Die elektrotechnische Industrie ist in grossem Umfange eine Exportindustrie; etwa ⅓ ihrer Produktion wird ausgeführt.

---

*) Da in der elektrotechnischen Industrie das investierte Kapital etwa einmal jährlich umgesetzt wird, kann das gesamte arbeitende Kapital der Spezialfabriken zu etwa 500 Millionen Mark angenommen werden.

Schon diese wenigen Zahlenangaben räumen wohl endgültig mit der noch immer verbreiteten Ansicht auf, als seien die elektrotechnischen Spezialfabriken nur ein unbedeutendes Anhängsel der Elektro-Gross-industrie und auf die letztere als Hauptauftraggeberin angewiesen. Die geschlossene Spezialindustrie stellt den vereinigten Konzernen gegen-über, soweit der Vergleich auf die reine Fabrikationstätigkeit beschränkt wird, eine achtunggebietende Minorität dar, die nicht als quantité négli-geable angesehen werden kann. Ihre Entwicklung hat sich trotz der im letzten Jahrzehnt überall hervortretenden Uebermacht der Konzerne durchaus im Rahmen der Entwicklung der Gesamt-Elektro-Industrie vollzogen, ein sicheres Zeichen, dass es sich um keine schwachen und künst-lichen Gebilde, sondern um technisch wie wirtschaftlich durchaus gesunde Unternehmungen handelt.

c) Die einzelnen elektrotechnischen Spezialindustrien.

Es ist natürlich nicht möglich alle Spezialfabriken oder auch nur einen Bruchteil derselben in die Untersuchung einzubeziehen. Es ist dies aber auch garnicht erforderlich, und es genügt, wenn im folgenden die führenden Werke, und zwar möglichst diejenigen, welche die Ent-wicklung der Starkstromtechnik während eines langen Zeitraums oder gar von Anfang an mitgemacht haben, dem Studium unterzogen werden; die kleineren Betriebe erfahren eine mehr summarische Dar-stellung. Vorher wird jeweilig eine allgemeine Uebersicht über die tech-nische und wirtschaftliche Entwicklung sowie die heutige Lage des be-treffenden Zweiges eingeschaltet werden.

1. Elektrische Maschinen und Transformatoren.

Die Fabrikation elektrischer Maschinen ist naturgemäss die Grund-lage für sämtliche anderen Spezialindustrien, denn zunächst muss die elektrische Energie erzeugt werden, ehe diejenigen Spezialgebiete ent-stehen können, welche der Messung, Regulierung und Anwendung der Elektrizität gewidmet sind.

Die Fabrikation von Dynamomaschinen oder, wie sie in den ersten Zeiten genannt wurden, Lichtmaschinen, und die vielen, hierbei auf-tretenden Erfindungs- und Konstruktionsprobleme riefen denn auch sehr früh eine umfangreiche und bedeutende Spezialindustrie ins Leben. Schon in den ersten Jahrgängen der Elektrotechnischen Zeitschrift in Anfange der 80er Jahre finden wir Inserate solcher Maschinenfabriken z. B. der noch bestehenden Maschinenfabrik Esslingen oder von Geb-

Naglo, Berlin, welche Firma bis Ende der 80er Jahre eine bedeutende Rolle auch im Bau von Zentralstationen spielte; später ging dieses Fabrikunternehmen an die Firma Schuckert in Nürnberg über und wurde als deren Berliner Zweigfabrik weiterbetrieben.

Obschon die Umkehrung des dynamoelektrischen Prinzips längst bekannt war und die Münchener Ausstellung 1882 bereits die Lösung des Problems der Gleichstrom-Kraftübertragung gezeigt hatte, dauerte es noch einige Jahre, bis die Vorzüge des Elektro-Motors erkannt wurden, und er seinen, die gesamten wirtschaftlichen Verhältnisse umgestaltenden Siegeszug antreten konnte. In den ersten Jahren der Starkstromtechnik hatte man vollauf zu tun, um Dynamomaschinen für das wachsende Lichtbedürfnis zu liefern.

Im Vergleich mit der gedrängten, materialsparenden Bauart unserer modernen Maschinen waren die ersten Dynamos und Elektromotoren plumpe, ungeschlachte Dinger. Die Gesetze der Potentialverteilung im Anker, der Ankerrückwirkung und der Kommutierung waren noch unerforscht. Man konstruierte mehr nach dem Gefühl auf empirischer Grundlage und hatte es auch nicht nötig, auf grosse Materialersparnisse zu sehen, weil die Preise infolge der relativ grossen Nachfrage und geringen Konkurrenz noch sehr gute waren. Wer die damaligen Maschinentypen, die Schuckert'sche Flachring-, die S. & H.'sche Innenpol-, die Brush'sche Bogenlampenmaschine mit verstellbaren Bürsten studieren will, hat dazu in der ausgezeichneten Ausstellung des Deutschen Museums in München Gelegenheit.

Aber die Entwicklung ging mit Riesenschritten weiter. Der Dynamobau trat aus der Empirik heraus, Bahnbrecher, wie Lahmeyer, Kapp, Arnold schufen wissenschaftliche Grundlagen für Berechnung und Konstruktion, die ein ganz anderes Fundament bildeten als Erfahrungswerte und Faustformeln. Besonders wurden durch geeignete Ankerwicklungen und Einführung der Wendepole in der Folge ein völlig funkenloser Gang der Maschine erzielt, während früher die starke Funkenbildung und die hierdurch hervorgerufene Abnutzung des Kollektors ein Schmerzenskind sämtlicher Konstrukteure bildete.

Bis Anfang der 90er Jahre herrschte der Gleichstrom vor. Der Wechselstrom war zwar ebenfalls schon bekannt und wurde besonders von der Firma Helios in Köln-Ehrenfeld bevorzugt. Ein Mangel des Wechselstroms war aber, dass die mit ihm betriebenen Motoren nur mit umständlichen Hilfsmitteln in Gang gesetzt werden konnten.

Diesen Mangel beseitigte Anfang der 90er Jahre der mehrphasige Wechselstrom, Drehstrom genannt, der im Verein mit der ebenfalls damals aufkommenden Hochspannungstechnik die elektrotechnischen Verhältnisse von Grund aus umgestaltete. Der hochgespannte Drehstrom ermöglicht die Stromversorgung weiter Gebiete von einem Punkte aus und löst die Frage der Kraftübertragung in geradezu idealer Weise. Der Drehstrommotor erfordert keinen zu Betriebsstörungen Anlass gebenden Kollektor; die grösseren Typen haben Schleifringanker mit Kurzschlussvorrichtung, während der für das Kleingewerbe wie geschaffene, äusserst billige Kleindrehstrommotor überhaupt keine reibenden Organe aufweist.

Später hielt dann auch der vom Gleichstrom übernommene Kollektor wieder seinen Einzug in die Wechselstromtechnik, und es entstanden die Wechselstrom- und Drehstrom-Kollektor-Motoren, welche die Vorzüge der Gleichstrommotoren mit denen der Wechselstrommotoren vereinigen und wegen ihres hohen Anzugmomentes für grössere Aufzug- und Krananlagen vielfach in Aufnahme gekommen sind. Der Bau ganz kleiner Motoren, wie sie zum Antrieb von Näh- und Poliermaschinen sowie Ventilatoren benutzt werden, hat sich als besonderes Spezialgebiet abgelöst, da sowohl für die Konstruktion wie den Absatz dieser Motoren besondere Gesichtspunkte massgebend sind.

Der Anteil der Spezialfabriken an der Lieferung von elektrischen Generatoren nimmt infolge der zunehmenden Konzentration der Zentralstationen und der hierdurch immer grösser werdenden Maschineneinheiten, ferner infolge Einbürgerung der Turbo-Generatoren von Jahr zu Jahr ab. So erwähnt z. B. der letzte Geschäftsbericht der A. E. G., dass im Berichtsjahre 1 Turbo-Dynamo von 20 000 K. V. A., 3 zu 15 000 K. V. A. und 4 zu 11 500 K. V. A. zur Ablieferung gekommen sind, und die S. S. W. drücken sich über die Zunahme der Grössenverhältnisse der Maschinen und Transformatoren in ihrem letzten Geschäftsbericht wie folgt aus: „In den grösseren Leistungseinheiten, die bisher nur vereinzelt bestellt wurden, hat sich die Nachfrage inzwischen vervielfacht. So sind uns z. B. Drehstrom-Turbo-Generatoren von 21 500 K. V. A. mehrfach, von 10 bis 15 000 K. V. A. in grösserer Zahl, von wassergekühlten Transformatoren solche von 23 500 K. V. A., 10 000 K. V. A. bei 110 000 Volt Spannung und 12 000 K. V. A. bei 50 000 Volt Spannung in Auftrag gegeben worden. An selbstkühlenden Transformatoren haben wir Typen bis 5000 K. V. A. Einzelleistung in Arbeit. Transformatoren dieser Grösse sind bisher von anderer Seite noch nicht geliefert worden."

Der Bau grosser Maschinen erfordert gewaltige Aufwendungen für teuere Werkzeugmaschinen, die sich nur bei rationeller Ausnutzung bezahlt machen. Da nun ohnedies Grossgeneratoren nicht alle Tage gebaut werden, und die Grossfirmen schon infolge ihrer Lieferungen an ihre

Tochtergesellschaften stets den Löwenanteil im Grossmaschinenbau haben werden, so ist eine reinliche Scheidung eingetreten. Die Domäne der Spezialfirmen ist in der Hauptsache der Elektromotor, für dessen Absatz sich seit Erschliessung der Landwirtschaft und des Kleingewerbes für die Elektrizität ein gewaltiges Gebiet eröffnet hat. Eine einzige moderne Riesenzentrale mit wenigen Grossgeneratoren speist tausende solcher Elektromotoren, und es ist klar, dass die Herstellung dieser letzteren eine viel grössere Zahl von Fabrikanten in Bewegung setzen muss als die der verhältnismässig wenigen Generatoren.

Für Generatoren kleinerer Leistung werden die Absatzverhältnisse von Jahr zu Jahr schwieriger, denn kleine Einzelzentralen, selbst für Fabrikanlagen, werden heute in nur noch spärlicher Anzahl gebaut; die Tendenz geht unverkennbar dahin, dass sich die gesamte Industrie unter Aufgabe oder Einschränkung ihrer eigenen Stromerzeugung an die mächtigen Zentralen anschliesst.

Gewiss bauen die grösseren Spezialfabriken auch Generatoren und Umformer von ganz respektabler Leistung. Es sind dies aber mehr Reklameobjekte, an denen unmöglich viel verdient werden kann, im wesentlichen ist das Leitmotiv auch für sie heute die Motorenfabrikation. Aehnlich verhält es sich mit Transformatoren grösserer Leistungen, deren Lieferung auch immer mehr zum Monopol der Grossfirmen wird, schon wegen ihrer engen Beziehungen zu den grossen Ueberlandzentralen, den Hauptabnehmern für Transformatoren.

Materialersparnisse auf Grund wissenschaftlicher Erkenntnis, rationelle Massenfabrikation unter Ausnutzung moderner, arbeitsparender Arbeitsmaschinen, ferner eine gewaltig angeschwollene Konkurrenz, alles wirkte zusammen, um im Laufe der Jahre einen kolossalen Preissturz der elektrischen Maschinen herbeizuführen. Dabei sanken aber die Verkaufspreise in stärkerem Masse als die Herstellungskosten, und die frühere günstige Lage der Maschinenindustrie hat sich erheblich verschlechtert. Verschärfend tritt dabei der erbitterte, gegen die Grosskonzerne zu führende Kampf hinzu, die den Markt mit ihren Massenerzeugnissen beherrschen und um jeden Preis ihre Vorherrschaft gerade auf diesem Gebiete erhalten wollen, denn der Elektromotor ist nach seiner äusseren Erscheinung als Erzeugnis einer bestimmten Fabrik zu erkennen, er wird vom Laien am ehesten beachtet und bildet ein vorzügliches Reklame- und Empfehlungsmittel für den Lieferanten. Ein mit solch ungleichen Waffen geführter Kampf musste damit endigen, dass die Spezialfabriken entweder die Waffen strecken oder in die kaum noch Gewinn übriglassenden, von A. E. G., S. S. W. und Bergmann diktierten Preise eintreten müssen.

Die Ausbildung der Massenfabrikation und der durch den scharfen Konkurrenzkampf herbeigeführte Zwang zur äussersten Materialersparnis verwischt bei den Maschinen kleinerer und mittlerer Leistung immer mehr die Güteunterschiede zwischen den einzelnen Fabrikaten. Hierzu tragen auch die Maschinennormalien des Verbandes deutscher Elektrotechniker bei, der schon im Jahre 1901 Vorschriften zur Bewertung und Prüfung elektrischer Maschinen und Transformatoren aufstellte, die dann in den folgenden Jahren entsprechend den Fortschritten des Maschinenbaues eine weitere Ausbildung erfuhren. Die Materialausnützung erreicht neuerdings unter dem scharfen Druck des Wettbewerbes einen Grad, der gerade noch an der Grenze des Zulässigen liegt, und wenn man die soliden, unverwüstlichen Maschinen der 80er und 90er Jahre mit den heutigen Konstruktionen vergleicht, dann muss diese auf die Spitze getriebene, häufig auf Kosten der Stabilität gehende Ausnutzung bedauert werden.

Die folgende von den Deutschen Elektrizitätswerken in Aachen zur Verfügung gestellte Tabelle zeigt die Listenpreisbewegung für einige Grössen von Gleichstrom- und Drehstrommotoren für die drei Jahre 1893, 1904 und 1912.

Gleichstrom-Motoren.

		1893	1904	1912
2 P. S. 1200 Umdrehungen		510 Mark	500 Mark	370 Mark
5 „ 1200 „		740 „	600 „	500 „
7 „ 1100 „		918 „	750 „	580 „
10 „ 1000 „		1150 „	850 „	700 „

Drehstrom-Motoren.

	1894	1904	1912
1 P.S. 1500 Umdrehungen synchron	300 Mark	200 Mark	140 Mark
2 „ 1500 „ „	415 „	410 „	290 „
6 „ 1500 „ „	750 „	575 „	550 „
8,5 „ 1500 „ „	950 „	850 „	620 „

Eine weitere wesentliche Verbilligung ist dadurch eingetreten, dass heute, besonders für kleine Motoren, schneller laufende Typen verwendet werden, als dies vor 10 oder 20 Jahren der Fall war.

Zwischen 1886 bis 1890 betrug das Maschinengewicht für die Pferdestärke ca. 92 kg, zwischen 1890 und 1895 50 kg, von 1905 bis 1912 27 kg; der Preis eines Motors betrug 1886 etwa 142 Mark, 1912 etwa 79 Mark für die Pferdestärke. Es sind dies natürlich keine absolut gültigen Werte, weil besonders in den ersten Zeiten der Starkstromtechnik die Fabrikate verschiedener Herkunft bezüglich des Gewichtes, der Leistung und des Preises grosse Abweichungen aufwiesen. Die Zahlen sollen aber in erster Linie nur als Vergleichsmassstab dienen.

Heute ist für kleine Motoren bis etwa 50 PS, die für die meisten Spezialfabriken den Hauptgegenstand der Fabrikation bilden, ein Tiefpunkt erreicht, der nicht mehr unterschritten werden kann. Das Material ist bis auf das äusserste ausgenutzt, die Herstellungskosten haben durch Anwendung moderner Arbeitsmethoden unter möglichster Ersparnis der Menschenkraft ein Minimum erreicht, und die Verkaufspreise sind auf einem Stand angelangt, der nur noch einen bescheidenen Nutzen gewährt. Es ist dies um so befremdlicher, als die Elektrifizierung des platten Landes der Maschinenindustrie sowohl für die Gegenwart als für die nächste Zukunft noch reichlich Arbeit zuführt und von Uebererzeugung nicht im entferntesten die Rede sein kann. Der Widerspruch zwischen niedrigen Preisen und grosser Nachfrage lässt sich einigermassen durch den scharfen und übermächtigen Wettbewerb der Grossfirmen erklären, deren Monopolstellung innerhalb ihres Konzerns sie in den Stand setzt, den Ueberschuss ihrer Fabrikation zu billigen Preisen auf den freien Markt zu werfen. Tatsächlich klagen sämtliche Spezialfabriken des Elektromaschinenbaues über den ihnen von den Grossfirmen bereiteten Wettbewerb.

Die Existenzbedingungen der zahlreichen mittleren und kleineren Elektromaschinenfabriken werden nach dem erfolgten Ausbau der Ueberlandzentralen sicherlich schwieriger werden. Die steigende Einführung des elektromotorischen Antriebes in Fabriken, z. B. in der Textilindustrie, sichert allerdings auch für absehbare Zukunft dem Elektromaschinenbau ein reiches Arbeitsfeld; es muss aber bezweifelt werden, ob die vielen durch die Ueberlandzentralenbewegung emporgeschossenen, meist kapitalschwachen Kleinbetriebe späterhin noch einen ausreichenden Markt finden, und manche dieser Fabriken werden vermutlich wieder von der Bildfläche verschwinden. Es ist ohne weiteres einzusehen, dass nur der kapitalkräftige, mit modernen Maschinen versehene und auf Massenherstellung eingerichtete Grossbetrieb auf die Dauer wirklich lebensfähig ist. So lange der lebhafte Absatz noch anhält, kommt der kleine Fabrikant allenfalls als Mitläufer in Betracht; er muss aber bei niedergehender Konjunktur versagen, und jedesmal sind in solchen Fällen einige der Schwachen auf der Strecke geblieben.

Unter den im Elektro-Maschinenbau tätigen Spezialfabriken ist zwischen Aktiengesellschaft von ansehnlicher Grösse und kleiner Privatfabrik jede Spielart vertreten.

Unter den Aktiengesellschaften der Maschinen-Spezialindustrie befinden sich einige, welche die Entwicklung der Starkstrom-Elektrotechnik von Anfang an mitgemacht und einen hervorragenden Anteil an der Schaffung der elektrischen Maschinen gehabt haben. Unter diesen muss vor allen erwähnt werden die Firma Deutsche Elektrizitätswerke, Garbe, Lahmeyer & Co. Aktiengesellschaft, Aachen. Die Firma wurde im Jahre 1886 als offene Handelsgesellschaft von Garbe und Lahmeyer gegründet. Der Zweck der Unternehmung war damals noch nicht die Maschinenfabrikation, sondern die Herstellung elektrischer Bogenlampen nach einem Lahmeyer'schen Patente. Die sehr geistreich ersonnene Konstruktion scheiterte aber an praktischen Schwierigkeiten, und Ersatz wurde in der Fabrikation der Dynamomaschine gefunden, mit der sich Lahmeyer schon früher beschäftigt hatte. Die Frucht der Erfindertätigkeit war dann die Lahmeyer'sche Aussenpol-Dynamo, die eine neue Epoche in der Entwicklung des Dynamobaues einleitete und bahnbrechend gewirkt hat. Ein Prospekt vom Jahre 1887 rühmt als Hauptvorzüge der Aussenpol-Dynamo den günstigen Kraftlinienfluss und die gute Anordnung des Magnetgestells ohne jede den Lauf der Kraftlinien brechende Fuge, wodurch die Amperewindungszahl abnahm und der Wirkungsgrad sich erhöhte. Die Lahmeyer'sche Konstruktion vermied die üblichen Polschuhe mit polarisierten Flächen, welche dem Anker abgewendet sind, und wodurch sich dann ein Teil der Kraftlinien durch die Luft schliesst. Die erzeugten Kraftlinien werden ohne nennenswerte Streuung vom Anker absorbiert und der Stromerzeugung dienstbar gemacht. Wir sehen, dass Lahmeyer schon damals die Grundsätze für die elektrisch richtige Konstruktion der Dynamos erkannt hat, Grundsätze, die später Allgemeingut wurden.

Die Lahmeyer'schen Dynamos zeichneten sich besonders durch ihren für die damaligen Verhältnisse guten Wirkungsgrad aus, was auch von den Abnehmern anerkannt wurde. Lahmeyer wandte sein Augenmerk auch auf die Erreichung eines funkenlosen Ganges, einer guten Lagerkühlung und auf leichte Demontierbarkeit und Zugänglichkeit und löste auch diese Fragen in durchaus befriedigender Weise.

Die Firma Garbe, Lahmeyer nimmt auch dadurch eine besondere Rolle ein, als sie schon im Anfange ihrer Entwicklung klar erkannte, dass ihre Stärke allein in der Fabrikation zu liegen habe, und die Installationstätigkeit auszuschliessen sei.

Trotz der damals geringen Anzahl der Installateure und der späterhin durch die Ausübung der Installationstätigkeit durch die Grossfirmen herbeigeführten Zuspitzung der Verhältnisse haben die

Deutschen Elektrizitätswerke an ihrem Geschäftsprinzip, die Installationstätigkeit auszuschalten, bis auf den heutigen Tag festgehalten.*)

Im Jahre 1888 wurde die Firma in eine Kommanditgesellschaft
und im Jahre 1899 in die heutige Aktiengesellschaft mit 3 Millionen
Mark Kapital umgewandelt. Die Aktien wurden grösstenteils von den
Vorbesitzern gezeichnet; sie sind an der Börse nicht eingeführt, werden
jedoch von einem Privatbankhause notiert und stehen auf etwa 140.
Die letzte Dividende betrug 5 %. Im Jahre 1899 wurde der Bau einer
neuen Fabrik mit Gleisanschluss beschlossen und in 10 Monaten durchgeführt. Die Krise von 1900 ging natürlich nicht ohne Spuren an der
Firma vorüber. Nach Ueberwindung dieser Schwierigkeiten setzte aber
eine kräftige Aufwärtsbewegung ein, die bis auf den heutigen Tag an-
gehalten hat. Die folgende Tabelle zeigt die Entwicklung des Werkes:

Jahreszahl	Anzahl der hergestellten Maschinen	Anzahl der Pferdekräfte
1886/87	11	143
1890/91	391	3725
1895/96	854	9 045
1900/01	772	12 715
1905/06	3259	39 118
1909/10	5243	71 250

Die heutige Jahresproduktion beträgt etwa 8—9000 Maschinen und
Transformatoren.

Es bedarf natürlich kaum der Erwähnung, dass die Firma mit den
jeweiligen Fortschritten durchaus Schritt gehalten hat. Es werden heute
Gleichstrommaschinen bis 800 K. W. und Drehstrommaschinen bis 1400
K.W. hergestellt. Die höchste bei Transformatoren erreichte Spannung
beträgt 34 000 Volt. Ueber die wirtschaftlichen Verhältnisse des modernen Maschinenbaues äussert sich die Firma wie folgt:

„Es muss bemerkt werden, dass die Fortschritte der Elektrotechnik
auf den Herstellungspreis der Maschinen von grösserem Einfluss gewesen
sind, als die Verbilligung in der Werkstatttechnik. Die modernen Werkzeugmaschinen erfordern bedeutende Kapitalaufwendungen, und ausser
ihrer Verzinsung sind beträchtliche Abschreibungen notwendig. Auch

---

*) Ganz ohne Installationsorgane sind sie aber doch nicht ausge-
kommen, da bei grossen Maschinen Installation und Inbetriebsetzung eben
nicht von gänzlich fremden Organen vorgenommen werden können; die
Deutschen Elektrizitätswerke stehen im engen Verhältnis zu den in einigen
deutschen Städten bestehenden „Baugesellschaften für elektrische Anlagen",
die aber nichtsdestoweniger als selbständige Unternehmungen anzusehen sind·

wird die Verbilligung in den Arbeitslöhnen durch die fortgesetzt zu erneuernden teuren Werkzeuge zum wesentlichen Teil wieder aufgehoben, und schliesslich sind noch eine grössere Anzahl von Kontrollbeamten erforderlich wie früher."

Eine weitere bedeutende Spezialfabrik für elektrische Maschinen ist die Elektrotechnische Fabrik Rheydt, Max Schorch & Co. A.-G., Rheydt, die noch älter ist als vorstehende Firma und schon im Jahre 1882 in der Form einer Kommanditgesellschaft begründet wurde. Seit dem Jahre 1900 besteht sie in der Form der heutigen Aktiengesellschaft mit 1,75 Millionen Aktienkapital. Der Aktienkurs ist 127, die letzte Dividende betrug 8 %. Die Firma ist stets in solider, vorsichtiger Weise geleitet worden und hat die verschiedenen Krisen der elektrischen Industrie gut überstanden. Ausser Maschinen werden Anlasser, Kontroller und sonstige Apparate gebaut und Installationen ausgeführt.

Hervorragendes hat Schorch besonders auf dem Gebiete der Webstuhlmotoren geleistet, für welche die Firma als Bahnbrecherin bezeichnet werden kann. Einem Aufsatz der „Elektrotechnischen Zeitschrift" 1907 entnehmen wir, dass es Schorch bereits in jenem Jahre gelang, Webstuhlmotoren von vollkommenem mechanischem Aufbau und sehr günstigen elektrischen Daten herzustellen. Die damals angestellten Messungen ergaben bei einem Elektro-Motor von $\frac{1}{3}$ PS einen Wirkungsgrad von 83 % und einen Leistungsfaktor von 0,75; noch bei halber Last betrug der Wirkungsgrad 80 %. Die Schorch'sche Bauart für Webstuhlmotore war vorbildlich für alle in der Folge entstandenen Konstruktionen und hat sicherlich weit darüber hinaus befruchtend auf die Fortschritte im Bau von Kleinmotoren gewirkt.

Im Laufe der Jahre hat Schorch etwa 40 städtische Elektrizitätswerke erbaut und besitzt auch selbst einige kleinere Werke. Es werden z. Z. 500 Arbeiter und 70 Beamte beschäftigt. Der Umsatz im Jahre 1912 ist gegen 1911 um 60 % gestiegen. Die Firma unterhält im In- und Auslande 10 Zweigbüros.

Eine sehr alte Maschinenfabrik ist auch die Elektrizitäts-Aktien-Gesellschaft vorm. Hermann Pöge in Chemnitz, die in den technischen Zeitschriften schon im Anfange der 80er Jahre als Telegrafenbauanstalt und Fabrik für Bogenlampen erwähnt wird. Die heutige Aktiengesellschaft ist im Jahre 1897 gegründet worden. Das Aktienkapital beträgt heute 3,5 Millionen Mark bei 500 000 Mark Obligationen, und die letzte Dividende betrug 7½ %. Die Firma hat sich besonders im Bau von städtischen Elektrizitätswerken und Ueberlandzentralen ausgezeichnet. So wurde z. B. im Jahre 1909 eine Ueberlandzentrale von 1800 K. W. Leistung in Meissen erbaut. Im Jahre 1912 erhielt Pöge den Auftrag auf 2 Turbo-Aggregate von je 2400 K.W. für Elektrizitätswerk Klingenthal. Im Kreise Sagan ist eine Fernleitung von 20 000 Volt verlegt worden. Den unerledigten Auftragsbestand gibt die Firma in September 1912 mit 8 Millionen Mark an. Es werden 2000 Arbeiter und Beamte beschäftigt. Ueber die Umsätze gibt die folgende Tabelle Aufschluss:

	Umsätze	
1908/09	3 864 000	Mark
1909/10	3 783 000	,,
1910/11	4 206 000	,,

Ausser dem Maschinenbau pflegt Pöge noch in umfassender Weise den Apparatebau. Es werden in Deutschland 7 Zweigbüros unterhalten.

Schliesslich sei noch von grösseren Maschinenfabriken erwähnt die Firma S a c h s e n w e r k L i c h t - u n d K r a f t A k t i e n g e s e l l - s c h a f t , N i e d e r s e d l i t z b e i D r e s d e n , eine auf den Trümmern der Kummergesellschaft im Jahre 1903 errichtete Gesellschaft mit 4,25 Millionen Mark Aktienkapital. Der Kurs beträgt 102, die letzte Dividende betrug 7 %. Die Firma beschäftigt 1800 Arbeiter.

Die Umsätze in den Jahren 1910, 1911, 1912 gibt die Firma mit 7,4 Millionen, 8,5 Millionen und 11,5 Millionen Mark an, und die Entwicklung ihres Maschinenbaues veranschaulicht folgende Tabelle:

Jahr:	Stückzahl der hergestellten Maschinen und Transformatoren	Gesamtleistung K.W.
1907	2 814	34 000
1908	3 950	41 000
1909	4 970	50 000
1910	7 100	75 000
1911	10 000	1 09 000
1912	13 500	1 88 000

Eine besondere Stelle unter den Spezialfabriken elektrischer Maschinen nimmt die Firma M a f f e i - S c h w a r t z k o p f f - W e r k e G. m. b. H., W i l d a u b. B e r l i n ein. Die Berliner Maschinenbau-Aktiengesellschaft, vormals L. Schwartzkopff, Berlin, besass schon seit Jahren eine elektrische Abteilung zur Herstellung elektrischer Maschinen und Transformatoren aller Gattungen. Infolge der zunehmenden Bedeutung der Dampfturbine interessierte sich Schwartzkopff für die Fabrikation dieser neuen Kraftmaschine und vereinigte sich zu diesem Zwecke mit der befreundeten Firma I. A. Maffei in München, die gleich Schwartzkopff in der Hauptsache den Bau von Dampflokomotiven pflegt. Das Resultat der Vereinigung waren dann die Maffei-Schwartzkopff-Werke mit einem Kapital von 3 Millionen Mark, in ¦welche die Firma Schwartzkopff ihre elektrische Abteilung und die Firma Maffei die von ihr erworbenen Dampfturbinenpatente von Melms & Pfenninger einbrachte. Ausserdem betreiben die Maffei-¦Schwartzkopff-Werke den Bau elektrischer Lokomotiven als Ergänzung zu den Dampflokomotiven der beiden Stammhäuser, ferner von elektrisch betriebenen Wasserhaltungen und Kompressoren. Die Maffei-Schwartzkopff-Werke haben von ihren Gründern deren zurückhaltende Vornehmheit und Solidität übernommen. Am grossen elektrischen Markte ist ihre Tätigkeit kaum zu spüren; ihre Kundschaft wird ihnen hauptsächlich durch die alten, vorzüglichen Verbindungen der beiden Stammhäuser zugewiesen, und sie haben es daher nicht nötig in die allgemeine Kampfarena hinabzusteigen. Auf dem Gebiete der elektrischen Voll- und Grubenbahnlokomotiven spielen die Maffei-Schwartzkopff-Werke eine zunehmende Rolle, und es ist im Interesse der Allgemeinheit wichtig, dass das aussichtsreiche Gebiet der elektrischen Lokomotiven ausser von den beiden Konzernen noch von zwei weiteren leistungsfähigen Häusern (ausserdem noch von Brown, Boveri & Co.) gepflegt wird. Die Maffei-Schwartzkopff-Werke haben bereits grössere Bestellungen auf elektrische Lokomotiven für die preussische Staatseisenbahnverwaltung erhalten.

Ausser den obengenannten grossen Elektromaschinenfabriken mit umfassendem Arbeitsprogramm und teilweise ausgedehnter Installationstätigkeit widmen sich etwa 40—50 weitere Betriebe mittleren und kleineren Umfanges dem Bau elektrischer Maschinen und haben sich zum Teil in recht glücklicher Weise, sehr zum Nutzen ihrer Wettbewerbsmöglichkeit und Leistungsfähigkeit, auf bestimmte Gruppen von Maschinen spezialisiert. Ueberwiegend pflegen diese Fabrikationsbetriebe die reine Herstellung unter Ausschluss der Installationstätigkeit; manche von ihnen liefern prinzipiell nur an Wiederverkäufer und Installateure, um ihren Abnehmern keinerlei Konkurrenz zu bereiten.

Die folgende Aufstellung macht' auf Vollständigkeit keinen Anspruch, sie enthält aber die bedeutendsten mittleren und kleineren Elektromaschinenfabriken:

S c h u m a n n s   E l e k t r i z i t ä t s w e r k ,   K o m m a n d i t - G e s e l l s c h a f t ,   L e i p z i g - P l a g w i t z , besteht seit dem Jahre 1885 und gehört somit zu unseren ältesten Elektromaschinenfabriken. Es werden gegenwärtig im Jahre etwa 5000 Maschinen bis zu Leistungen über 1000 PS aller Stromarten und Spannungen hergestellt; besondere

Anerkennung verdienen die Vertikal-Motoren zum Antrieb von Zentrifugen, Mühlen, Pumpen u. s. w.; es werden solche Vertikal-Motoren für Gleichstrom mit der ausserordentlich hohen minutlichen Umdrehungszahl von 5000 gebaut.

Die Spezialfabrik elektrischer Maschinen vorm. Albert Ebert & Co., G. m. b. H., Dresden-Pieschen, gegründet 1894, fabriziert jährlich etwa 3000 Maschinen aller Stromarten, darunter auch Ein- und Zweiankerumformer von insgesamt 25 000 PS Leistung; besonders hervorzuheben sind die für direkte Kupplung mit Arbeitsmaschinen bestimmten Motoren, deren Bauart in wohldurchdachter Weise den besonderen Verhältnissen angepasst ist. Die Zahl der Angestellten und Arbeiter beträgt ca. 210, der Jahresumsatz über 1 Million Mark.

Conz Elektricitäts - Gesellschaft m. b. H., Altona-Bahrenfeld, gegründet im Jahre 1887, beschäftigt heute etwa 400 Arbeiter und arbeitet mit 2 Millionen Mark Kapital. Eine besondere Spezialität der Firma sind Reguliermotoren zum Antrieb von Werkzeugmaschinen. Auch im Bau von Dampfdynamos für Schiffszwecke ist die Firma in hervorragender Weise tätig.

Die Elektromotorenwerke Heidenau, G. m. b. H., Heidenau, Bez. Dresden, Gründungsjahr 1905, haben eine jährliche Produktion von 2800 Maschinen von zusammen 13 000 KW Leistung. Die Zahl der Arbeitsmaschinen ist 270, der jährliche Umsatz $1\frac{1}{2}$ Millionen Mark, bei einem Betriebskapital von 750 000 Mark. Das Werk beschäftigt 330 Angestellte und Arbeiter. Hervorzuheben sind Elektromotoren mit senkrechter Welle und patentierten Ringschmierlagern für niedrige, mittlere und hohe Turenzahlen.

Die Norddeutsche Automobil- und Motoren-Aktiengesellschaft, Bremen-Hastedt, ein im Jahre 1906 vom Norddeutschen Lloyd in erster Linie für seine eigenen Bedürfnisse ins Leben gerufenes Unternehmen, besitzt eine bedeutende elektrotechnische Abteilung, welche Maschinen aller Gattungen bis zu 1000 PS herstellt. In besonderem Masse wird natürlich der Bau elektrischer Maschinen für Schiffe gepflegt, die hinsichtlich der Erwärmungsverhältnisse, Turenzahlen und der Berücksichtigung des geringen auf Schiffen verfügbaren Raumes Spezialerfahrungen erfordern. Die elektrische Ausrüstung der grossen Lloyddampfer der letzten Jahre stammt ausnahmslos aus den Werkstätten obengenannter Firma, die vor kurzem mit den Hansa-Automobilwerken in Varel verschmolzen worden ist.

Chr. Weuste & Overbeck, G. m. b. H., Duisburg, ist eine der wenigen, vielleicht die einzige Spezialfabrik elektrischer Maschinen, die ihr Hauptarbeitsfeld in der Montan- und Hütten-Industrie, insbesondere im rheinisch-westfälischen Industriebezirk, gefunden hat. Es ist dies ein Beweis, dass auch auf diesem schwierigen, fast ausschliesslich zur Domäne der Elektrokonzerne gehörigen Gebiet ein leistungsfähiger Spezialbetrieb sich doch noch durchzusetzen vermag. Für eine grössere Zahl elektrisch betriebener Wasserhaltungen im Ruhrbezirk haben die Spezial-Drehstrom-Turbo-Generatoren und -Motoren von Weuste & Overbeck Verwendung gefunden; es befinden sich darunter Anlagen bis zu 2000 PS, und an einen einzigen Bergwerkskonzern wurden 12 Zentrifugalmotoren für Wasserhaltungszwecke von zusammen 14 000 PS geliefert.

Grosse Anerkennung und Verbreitung haben auch die sonstigen Spezialmotoren der Firma für Bergwerke und schwere Fabrikbetriebe gefunden. Bei diesen Motoren ist das Problem der künstlichen Kühlung in vorzüglicher Weise gelöst worden; durch Verwendung von Staubfiltern ist dafür gesorgt, dass keine Verschmutzung der Innenteile der Maschinen eintritt.

Eine beachtenswerte Abteilung für elektrische Maschinen besitzt die **Braunschweigische Maschinenbau-Anstalt A.-G., Braunschweig**. Die Elektromaschinen dieser Firma dienen vornehmlich den Bedürfnissen ihres sonstigen, sehr bedeutenden allgemeinen Maschinenbaues. (Zentrifugalpumpen, Turbo-Kompressoren u. s. w.)

In ähnlicher Weise fabriziert die altberühmte **Maschinenfabrik Esslingen** seit dem Jahre 1884 in ihrer besonderen elektrotechnischen Abteilung alle Arten elektrischer Maschinen und Transformatoren bis zu beträchtlichen Leistungen. Infolge des organischen Zusammenwirkens mit den übrigen Abteilungen des Werkes — allgemeiner Maschinenbau, Kesselbau — ist die Firma, wie wohl keine zweite in Deutschland, in der Lage, komplette elektrische Anlagen einheitlich herzustellen, ohne auf fremden Bezug angewiesen zu sein. Besondere Erwähnung verdienen die elektrischen Spezialantriebe für Werkzeug- und Holzbearbeitungsmaschinen, Pumpen, Druckerpressen, Orgelgebläse, Ventilatoren und Bierdruckregler mit automatischer Regulierung.

In sehr vielseitiger und äusserst regsamer Weise betätigt sich die **Fabrik elektrischer Maschinen und Apparate Dr. Max Levy, Berlin N 65**. Dieses im Jahre 1897 ins Leben gerufene Unternehmen hat sich aus kleinen Anfängen zu seiner heutigen Bedeutung entwickelt und beschäftigt etwa 400 Arbeiter und Angestellte.

Die Domäne der Firma ist hauptsächlich der Kleinmotor; trotz der Vormachtstellung der Grossfirmen, insbesondere der A. E. G., auf diesem Gebiete, hat die Firma es verstanden, sich dank vorzüglich organisierter Massenerzeugung durchzusetzen. Als Fabrikationssonderheiten sind hervorzuheben regulierbare Einphasen-Repulsionsmotoren, Universalmotoren für alle Stromarten, kleine Umformer, insbesondere für die Zwecke der Kinematographie und der Galvanotechnik, elektrodynamische Leistungswagen zur Energiemessung an Arbeitsmaschinen, elektrische Bremsstationen für Explosionsmotoren, hochturige Staubsaugmotoren, Rufumformer für Telefonzwecke, Elektro-Ventilatoren, Kranmotoren, transportable elektrische Lichtfontänen; in neuerer Zeit ist auch der Bau elektrisch betriebener Werkzeuge aufgenommen worden.

Von den Fabriken, die sich ausschliesslich auf das Gebiet der kleinen und kleinsten Motoren bis etwa 2 PS Leistung beschränken und darin hervorragendes leisten, erwähnen wir die Darmstädter Exhaustoren-, Kleinmotoren- und Apparatefabrik G. m. b. H., Darmstadt.

Zu einer angesehenen Stellung hat es innerhalb weniger Jahre die Elektrizitäts-Gesellschaft Colonia G. m. b. H., Köln-Zollstock gebracht, die als Nachfolgerin der in Liquidation getretenen E. H. Geist A.-G. (gegründet 1890) im Jahre 1912 auf neuer Basis errichtet wurde. Sie arbeitet mit einem Grundkapital von 1,25 Millionen Mark. Im Jahre 1913 wurden ca. 2500 Maschinen mit 20 000 PS und 500 Transformatoren mit ca. 25 000 KW Gesamtleistung zur Ablieferung gebracht; gegen das Jahr 1912 bedeutet dies eine Steigerung von ca. 42 %. Der Jahresumsatz in 1913 betrug 1,5 Millionen Mark; die Firma beschäftigt heute 330 Arbeiter und Angestellte.

Wie auch ihre Vorgängerin, pflegt die Colonia in hervorragendem Masse den einphasigen Wechselstrom, und zwar werden sowohl asynchrone als Kollektor-Motoren hergestellt. Auch mit ihren luft- und ölgekühlten Transformatoren nimmt die Colonia unter den Spezialfabriken eine angesehene Stellung ein. Es sind Transformatoren bis zu 60 000 Volt Primärspannung und 400 K V A Leistung mehrfach in das In- und Ausland geliefert worden.

Ausgezeichnete Erfolge hat die Firma auch mit den von ihr auf den Markt gebrachten Elektromagnet-Walzen-Maschinen aufzuweisen. Diese Maschinen dienen zur automatischen Enteisenung aller möglichen Materialien; sie finden in einer ganzen Reihe von Betrieben (Getreidemühlen, Oel- und Knochenmühlen, Nahrungsmittelfabriken, Thomasschlackenwerken, Porzellanfabriken, bei der Aufbereitung von Formsand

u. s. w.) steigende Anwendung und verhindern in nahezu vollkommener Weise, dass Eisenteile in den zu verarbeitenden Materialien verbleiben, schützen also die betreffenden Spezialmaschinen vor Zerstörung und die Produkte vor Verschlechterung. Es befinden sich zur Zeit über 700 dieser Apparate in Betrieb.

Weitere Sonderheiten von Colonia sind: Lasthebemagnete, magnetische Aufspannfutter und Handmagnete.

Die Mitteldeutschen Elektrizitätswerke G. m. b. H., Saalfeld a. S., gegründet 1903, fabrizieren im Jahre annähernd 5000 Maschinen, hauptsächlich zwischen 1 und 15 PS Leistung und erreichen einen Jahresumsatz von 1,5 Millionen Mark. Die Zahl der Arbeiter und Angestellten beträgt etwa 260. Die einphasigen Induktionsmotoren der Firma, die u. a. beim Elektrizitätswerk in Nürnberg zahlreich vertreten sind, geniessen einen guten Ruf.

Zu einem besonderen Zweige hat sich die Herstellung von Niederspannungsdynamos für galvanische Zwecke entwickelt. Wenngleich fast sämtliche Elektromaschinenfabriken solche Dynamos für niedrige Spannungen und hohe Stromstärken liefern, drängen die besonderen Anforderungen der Galvanotechnik zur weiteren Spezialisierung.

Als führend auf diesem Gebiete müssen die Langbein-Pfanhauser-Werke A.-G., Leipzig, gelten, welche seit den 70er Jahren neben sonstigen elektrochemischen Spezialitäten den Bau von Niederspannungsdynamos pflegen; im letzten Jahre wurden etwa 1000 solcher Maschinen von 1500 KW Leistungsfähigkeit zur Ablieferung gebracht. Eine weitere Sonderheit dieser Firma sind Schleif- und Poliermotoren.

Auch unter den Spezialfabriken elektrischer Maschinen kleineren Umfanges gibt es eine stattliche Anzahl mit sehr beachtenswerten Leistungen.

Die Elektrizitäts-Gesellschaft Sirius m. b. H., Leipzig, (Zahl der Beschäftigten ca. 200) geniesst einen guten Ruf auf Grund ihrer Niederspannungsdynamos für elektrolytische Zwecke, ihrer elektrisch betriebenen Werkzeuge, Polier- und Schleifmotoren und elektromagnetischen Aufspann- und Anpressvorrichtungen. Die Firma Joh. Bruncken, Elektromotorenfabrik, Köln-Bickendorf, hat nach einem sinnreichen Patente des Inhabers einen einphasigen Induktionsmotor auf den Markt gebracht, bei dem der Anlasswiderstand und die Hilfsphasenwicklung in einzelnen Stufen durch Zentrifugalwirkung kurzgeschlossen werden, sodass der Anlauf völlig selbsttätig ohne die gerade bei Einphasenmotoren gefürchteten

Stromstösse vor sich geht. Neuerdings stellt diese Firma auch ein- und mehrphasige Repulsionsmotoren sowie asynchrone Drehstrommotoren her.

Die Ziehl-Abegg-Werke G. m. b. H., Berlin-Weissensee, deren Arbeitsgebiet Gleichstrom- Wechselstrom- und Drehstrommotoren normaler und gekapselter Bauart bis 50 PS umfasst, erreichen bei etwa 120 Arbeitern einen Jahresumsatz von ca. 800 000 Mark; die im Jahre hergestellten Maschinen haben eine Gesamtleistung von etwa 20 000 PS. Als Spezialität wird der Bau von Aufzugmotoren gepflegt.

Die Rheinische Elektromaschinenfabrik G. m. b. H., Krefeld, fabriziert neben normalen Gleichstrom- und Drehstrommaschinen von 0,5 bis 500 PS eine ganz geschlossene Spezialkonstruktion, die sie unter der Bezeichnung „Durchdrucktype" auf den Markt bringt. Die sehr energische Kühlung wird durch einen innerhalb des Gehäuses befindlichen Ventilator bewirkt, der aber nicht, wie sonst vielfach üblich, auf der Kollektorseite, sondern auf der Riemenscheibenseite angeordnet ist, also an der Stelle, wo sich keine Verschlussklappen befinden, also auch kein Staub aus der Umgebung eindringen kann. Die Frischluft wird durch ein an einen Rohrstutzen angeschlossenes Rohr angesaugt und von dem Ventilator durch die Maschine gedrückt; auf der Kollektorseite entsteht dadurch ein gewisser Ueberdruck, wodurch verhindert wird, dass durch die an dieser Seite befindlichen Revisionsklappen Verunreinigungen oder Gase in die Maschine eindringen.

Der steigende Bedarf an Transformatoren hat zur Begründung von Spezialfabriken geführt, die sich unter Ausschluss des sonstigen Elektromaschinenbaues lediglich dem Bau von Transformatoren widmen. Als älteste und bedeutendste dieser Kategorie von Sonderfabriken sind die Firmen Koch & Sterzel, Dresden sowie Nostitz & Koch, Chemnitz hervorzuheben. Vorwiegend werden von diesen Firmen Mess- und Prüf-Transformatoren höchster Genauigkeit bis zu 200 000 Volt Spannung hergestellt, die an zahlreiche Instrumenten- und Zählerfabriken, Kabelwerke, Porzellanfabriken u. s. w. geliefert werden; neuerdings ist auch der Bau von normalen luft- und ölgekühlten Transformatoren für Licht- und Kraftzwecke aufgenommen worden.

Das Arbeitsgebiet der Firmen A. Gobiet & Co., Rotenburg a. d. Fulda, sowie Voltawerke G. m. b. H., Kassel, umfasst in erster Linie die Fabrikation sogenannter Mast- oder Freileitungstransformatoren. Infolge der hohen Grunderwerbs- und Baukosten stationärer Transformatorenstationen wird es neuerdings immer mehr üblich, Transformatoren kleiner und mittlerer Leistung nebst den zugehörigen Hoch- und Niederspannungsapparaten direkt an den Leitungsmasten anzubringen. Diese Masttransformatoren stellen dem Konstrukteur in elektrischer und mechanischer Hinsicht ganz andere Aufgaben als die normalen Transformatorentypen, sodass die eingetretene Spezialisierung durchaus verständlich und für den Abnehmer von Vorteil ist. Die beiden genannten Firmen haben im In- und Auslande viele Hunderte solcher Transformatoren-Maststationen bis zu den höchsten Spannungen geliefert.

Ein ganz neuer Apparat ist in den letzten Jahren in dem Quecksilberdampf-Gleichrichter entstanden. Im Hinblick auf die Anwendung dieses Apparates zur Umformung von Wechselstrom in Gleichstrom wollen wir ihn zur Gruppe der elektrischen Maschinen rechnen, obschon er eigentlich zu den elektrischen Apparaten oder Lampen gehört.

Der Quecksilberdampf-Gleichrichter nutzt die eigentümliche Ventilwirkung des Quecksilberdampflichtbogens aus den Strom nur in einer Richtung durchzulassen. Durch geeignete Schaltungen werden beide Wechselstromwellen durch denselben Apparat gleichgerichtet. Bis vor kurzem wurden diese Gleichrichter nur für kleine Leistungen gebaut, und sie haben sich wegen ihrer überaus grossen Einfachheit, Betriebssicherheit und niedrigen Anschaffungskosten sowie ihres hohen Wirkungsgrades ein ansehnliches Anwendungsgebiet geschaffen, z. B. zum Betrieb kleiner Gleichstrommotoren und zur Ladung kleiner Akkumulatorenbatterien in Fällen, in denen Gleichstrom nicht zur Verfügung steht.

Seit kurzem ist es mit Erfolg gelungen, Quecksilberdampf-Gleichrichter für grosse Leistungen herzustellen. Die anfänglichen Schwierigkeiten der hohen Wärmeerzeugung bei der Umformung grosser Energiemengen wurden durch Anordnung einer zweckentsprechenden Wasserkühlung beseitigt. Zur Erhaltung eines guten Vakuums wird neuerdings eine dauernd in Betrieb befindliche Luftpumpe vorgesehen. Trotz der zu ihrem Betrieb erforderlichen Energie erhält man mit diesen neuen Umformern, die schon für 1200 KW gebaut worden sind, bis zu 90 % der hineingeschickten Wechselstrom-Energie als Gleichstrom-Energie wieder heraus.

Damit wird aber der Gross-Gleichrichter zu einem gefährlichen Rivalen des rotierenden Zwei- oder Einankerumformers. Es erscheint nicht ausgeschlossen, dass dadurch der Gleichstrom mit seinen vom Wechselstrom niemals zu erreichenden Vorzügen in naher Zukunft eine Rolle beim Betriebe von elektrischen Vollbahnen spielen wird, indem der durch die Fernleitung oder dritte Schiene zugeführte hochgespannte Wechselstrom im Fahrzeug zunächst herabtransformiert und durch

Zwischenschaltung eines Gleichrichters in Form von Gleichstrom den Motoren zugeführt wird.

Wir würden dem Quecksilberdampf-Gleichrichter nicht diese Besprechung gewidmet haben, wenn nicht eine von einem anderen Spezialgebiet her rühmlichst bekannte Spezialfabrik, Hartmann & Braun A. G., Frankfurt a. M., durch mehrjährige, äusserst mühsame und kostspielige wissenschaftliche Versuche die ersten technisch brauchbaren Gross-Gleichrichter geschaffen, also auf diesem Gebiete bahnbrechend gewirkt hätte. Die Konstruktionen und Patente von Hartmann & Braun sind unlängst in eine zusammen mit befreundeten Firmen gegründete Gesellschaft eingebracht worden, welche die Fabrikation des Gross-Gleichrichters als Spezialität betreiben will.

Es ist aber vorauszusehen, dass sich die Grossfirmen ein solch vielversprechendes Feld, das grosse Umwälzungen auf dem Gebiete der Stromumformung in Aussicht stellt, nicht entgehen lassen werden, und tatsächlich hat bereits die A. E. G. die Fabrikation von Gross-Gleichrichtern in grossem Umfange aufgenommen, sodass die Spezialfabrikation auch auf diesem Gebiete mit dem mächtigen Wettbewerb der Elektro-Konzerne rechnen muss.

2. Schalt- und Anlassapparate.

Dieses umfassende Spezialgebiet zerfällt wieder in mehrere Gruppen, und wohl keine der auf diesem Felde tätigen Spezialfirmen stellt lückenlos sämtliche Apparate her. Die immer schwieriger und komplizierter werdenden Anforderungen an die moderne Schalt- und Anlasstechnik haben weitgehende Spezialisierungen herbeigeführt.

Die ersten Lichtmaschinen benötigten nur wenige Apparate: einen Nebenschlussregulator, einen Hebelschalter und eine Bleisicherung in allerprimitivster Konstruktion. Mit den wachsenden Leistungen der Dynamos wurden die Ansprüche an sorgfältige Konstruktion der Schaltapparate aber grösser, die seit Mitte der 80er Jahre errichteten Zentralstationen erforderten eine planmässige Verteilung des erzeugten Stromes, und es entstanden die ersten grossen Haupt- und Verteilungsschalttafeln, die an die junge Schalttechnik schon ganz andere Anforderungen stellten.

Die eigentliche moderne Schalttechnik beginnt aber erst mit dem Aufkommen des hochgespannten Wechselstroms. Zuerst versuchte man die Hochspannungs-Schaltapparate nach dem Muster der bereits gut ausgebildeten Gleichstromapparate zu bauen, musste aber bald erkennen, dass die Schaltvorgänge bei hohen Wechselstromspannungen von denen bei niedrig gespanntem Gleichstrom total verschieden sind, sodass andere Wege eingeschlagen werden mussten. Zur Erkenntnis der komplizierten Vorgänge bei der Ein- und Ausschaltung hochgespannter Wechselstromenergien bedurfte es wissenschaftlicher Methoden. Im Mineralöl fand man ein vorzügliches Medium, innerhalb dessen sich die Ein- und Ausschaltung gefahrlos abspielen konnte, und es entwickelte sich als neues, grosses Arbeitsgebiet die Fabrikation der Oelschalter. | Zur Vermeidung der durch Ueberlastungen und Kurzschlüsse herbeigeführten Beschädigungen der elektrischen Anlage genügten die alten Schmelzsicherungen nicht mehr; in den auf elektromagnetischer Grundlage beruhenden automatischen Maximalauslösungen, denen sich die bei Spannungsrückgang in Tätigkeit tretenden automatischen Minimalauslösungen hinzugesellten, schuf man Organe von weitgehender Sicherheit, die durch die Anbringung von selbsttätigen Rückstrom-Relais und Zeitauslösungen noch erhöht wurde. Die Schaltanlagen der grossen modernen Drehstromzentralen und Transformatorenunterstationen bedürfen infolge der komplizierten Probleme der Parallelschaltung und Ladungserscheinungen, sowie im Hinblick auf zweckmässige Stromverteilung heute einer sorgfältigen Projektierung und sind der Arbeitsgegenstand besonderer Abteilungen der Spezialfabriken geworden.

Daneben entstanden auf Grund eingehender theoretischer und praktischer Arbeiten Apparate zur Bekämpfung der atmosphärischen Einflüsse und der gefährlichen Ueberspannungen bei Freileitungen; auch für unterirdisch verlegte Hochspannungskabel wurden entsprechende Schutzsysteme ausgebildet. Die vielen, die Ueberspannung betreffenden, teilweise noch wenig geklärten Fragen werden z. Z. von sämtlichen Firmen noch mit grosser Energie weiter verfolgt.

Die älteste und führende Firma auf dem Gebiete der Schaltapparate ist die Voigt & Haeffner Aktiengesellschaft, Frankfurt/Main. Sie wurde im Jahre 1886 mit 2 Arbeitern unter der Firma Staudt & Voigt eröffnet. Der Schwerpunkt der damaligen Tätigkeit lag in der Installation. Es wurde ein 5 P S-Gasmotor mit Dynamo aufgestellt, um dem Publikum die Anwendung des elektrischen Stroms zu Lichtzwecken zu zeigen. Schon im ersten Jahr wurde die Fabrikation von Schalt- und Regulierapparaten aufgenommen. Auf der Frankfurter Elektrotechnischen Ausstellung im Jahre 1891 zeigte die Firma zum ersten Male einem grösseren Kreise die bisherigen Resultate ihrer Fabrikation. Die Installationstätigkeit wurde, da die Fabrikation die Kräfte des Werkes immer mehr in Anspruch nahm, im Jahre 1896 endgültig aufgegeben. Im Jahre 1891 trat an Stelle des austretenden

Teilhabers Staudt der heutige Generaldirektor Haeffner ein, und die Firma firmierte fortan Voigt & Haeffner.

Die Elektrotechnische Zeitschrift vom Jahre 1890 enthält einen interessanten Bericht des damaligen Redakteurs der Elektrotechnischen Zeitschrift, Uppenborn, des späteren Direktors des Münchener Elektrizitätswerkes, über einen Besuch bei der Firma Staudt & Voigt; der Bericht verdient auch heute noch auszugsweise wiedergegeben zu werden. Uppenborn schreibt u. a.:

„Die Firma Staudt & Voigt erzeugt bekanntlich lediglich „Ausrüstungsteile für elektrische Beleuchtungsanlagen. D i e „A b s o n d e r u n g   d i e s e r   F a b r i k a t i o n   a u s   d e r „s o n s t   s o   g e b r ä u c h l i c h e n   U n i v e r s a l - F a b r i - „k a t i o n   i s t   e i n   a u s s e r o r d e n t l i c h   g l ü c k l i c h e r „G e d a n k e. Man ist gewohnt die Herstellung der Dynamoma- „schinen als das Wichtigste zu betrachten; in zweiter Linie kommen „die Bogenlampen und Messinstrumente, während Regulatoren, „Ausschalter u. s. w. zu den minder wichtigen Fabrikationsgegen- „ständen gerechnet werden. Eine derartige Anschauung ist aber „eine durchaus verkehrte, denn kein Teil einer elektrotechnischen „Beleuchtungsanlage ist mehr der unkundigen und unvorsichtigen „Behandlung ausgesetzt, als eben die Ausrüstungsstücke. Es ist „deshalb von grösster Wichtigkeit, dass dieselben sehr zweckmässig „und dauerhaft konstruiert sind. Man würde übrigens auch irre „gehen, wenn man annehmen wollte, dass eine derartige·Absonde- „rung als Beschränkung empfunden würde. Die Lagerräume der „Firma Staudt & Voigt weisen eine so ausserordentliche Mannig- „faltigkeit auf, dass man sofort erkennt, dass dieser Zweig der „Fabrikation eine Firma sowohl in Bezug auf Konstruktion wie „auch auf Produktion vollauf beschäftigen kann.“

„Die Fabrik zerfällt in zwei Hauptabteilungen, erstens die „Massenfabrik, in welcher Glühlampenfassungen verschiedener „Systeme, kleine Sicherheitsschalter und Ausschalterreflektoren, „Schirm- und Schalenhalter, Wand- und Deckenrosetten, Schutz- „körbe für Lampen u. s. w. hergestellt werden. Zu dieser Abteilung „gehören in erster Linie die Schnitt- und Stempelmacherei, die „Presserei, Stanzerei und Zieherei, sowie die Zusammensetzerei. „Zweitens die mechanische Abteilung. Hier werden Ausschalter „und Bleischaltungen bis zu 1000 Amp. hergestellt. Regulatoren, „Lade- und Entladeapparate für Akkumulatorenanlagen, Ein- „schaltapparate für Elektromotoren, komplette Schalttafeln für

„Elektrizitätswerke und Zentralanlagen u. s. w. und Verbindungs-„Tableaux."

Im Jahre 1900 wurde die Firma unter Mitwirkung der Deutschen Bank in eine Aktiengesellschaft umgewandelt. Heute beträgt das Aktienkapital 5 Millionen und das gesamte arbeitende Kapital 11 Millionen Mark. Die letzte Dividende betrug 12 %. Die an der Frankfurter Börse notierten Aktien stehen 180.

Mit der beginnenden Hochspannungstechnik setzt die grosse Entwicklungsepoche der Firma ein. Noch bevor die Grossfirmen Zeit gefunden hatten sich des neuen Spezialgebiets anzunehmen, warf sich die Voigt & Haeffner A.-G. in vorausschauender Erkenntnis der Wichtigkeit der Hochspannungs-Schalttechnik auf die Ausbildung moderner Hochspannungs-Schaltapparate und kompletter Schaltanlagen. In eigenen Laboratorien wurden die zu berücksichtigenden Wechselstromwirkungen studiert und die gewonnenen Erfahrungen bei der Ausbildung der Apparate angewendet. Die Firma Voigt & Haeffner ist somit führend und bahnbrechend auf dem Gebiete der modernen Hochspannungstechnik gewesen.

Um das Jahr 1906 fand der hochgespannte Drehstrom auch Eingang in die Montanindustrie, und wieder war es die Firma Voigt & Haeffner, welche die besonderen Anforderungen des Montanbetriebes an die Konstruktion der Hochspannungsapparate zuerst erkannte. Die Voigt & Haeffner'schen schlagwettersicheren Oelschalter, gekapselten Schaltwalzenanlasser u. s. w. wurden innerhalb kurzer Zeit bei den bedeutendsten Bergwerken des In- und Auslandes mit durchschlagendem Erfolg eingeführt und haben einen wesentlichen Anteil an der schnellen und glatten Einführung des hochgespannten Drehstroms in den Bergbau und die verwandten Industrien gehabt. Die Grossfirmen sind auf diesem Gebiete erst später auf dem Plan erschienen und haben bei ihren Konstruktionen die Voigt & Haeffner'schen Apparate zum Vorbilde benutzt.

In der Folgezeit wurden die Schaltanlagen der grossen Primäranlagen derartig umfangreich und kompliziert, dass sie häufig der Gegenstand besonderer Ausschreibungen seitens der Auftraggeber wurden. Auch auf dem Felde der Gross-Schaltanlagen nimmt die Voigt & Haeffner A. G. trotz der grossen Bemühungen der Elektro-Konzerne, solche Objekte an sich zu bringen — es handelt sich häufig um Schaltanlagen im Werte von mehreren 100000 Mark — bis auf den heutigen Tag eine führende Stellung ein; mustergiltige Hochspannungsschaltanlagen, bei denen durch gut durchdachte Schaltungen und vorzüglich konstruierten Schutzapparate Betriebsstörungen und Zerstörungen durch Kurzschlüsse und Ueberlastungen nahezu unmöglich gemacht sind, werden fortgesetzt in grosser Anzahl für Elektrizitätswerke und grossindustrielle Betriebe geliefert.

Das Feld der elektrischen Schaltapparate ist heute ausserordentlich umfassend und zerfällt in eine grössere Zahl fast selbständiger Teilgebiete; selbst einer solch vielseitigen Firma wie Voigt & Haeffner ist es gegenwärtig nicht mehr möglich, alle Zweige des Apparatebaues mit derselben Intensität zu bearbeiten.

So sind z. B. die in Massenfabrikation hergestellten Kleinapparate, die früher bei Voigt & Haeffner eine grosse Rolle spielten, im Laufe der Jahre an Bedeutung zurückgetreten, oder sind, als mit den grösseren Zielen der Firma nicht mehr vereinbar, an die Tochtergesellschaft G. Schanzenbach & Co. G. m. b. H., Frankfurt a. M. abgegeben worden.

Ferner hat sich der Bau von Anlass- und Regulierapparaten für Elektromotoren als selbständiges Spezialgebiet abgelöst, und wenn die Firma Voigt & Haeffner auch auf diesem Gebiete heute noch in hervorragender Weise tätig ist, die Führung hat sie an andere Spezialfabriken abgeben müssen.

Im Jahre 1911 hat die Voigt & Haeffner A.-G. einen modernen Neubau im Frankfurter Osthafengebiet bezogen. Einige statistische Zahlen aus ihrem Betrieb dürften noch von Interesse sein. Die Firma beschäftigt 1300 Personen, sie hat 28 deutsche und 12 ausländische Patente, sowie 309 Gebrauchsmuster. Der Bruttogewinn des Jahres 1912 betrug 2 830 000 Mark, der Nettogewinn 1 455 000 Mark. Die Firma hat im letzten Jahre für die Herstellung eines umfassenden, technisch wie künstlerisch vollendeten Kataloges über 100 000 Mark ausgegeben, ein Beweis, in welcher Weise die Spezialfabriken für eine moderne und grosszügige Propaganda besorgt sind.

Angesichts der überragenden und einzigartigen Stellung von Voigt & Haeffner wird begreiflicherweise ein Konkurrenzunternehmen mit ähnlichem Arbeitsgebiet einen schweren Stand haben müssen. Trotzdem ist es in den letzten Jahren der Dr. Paul-Meyer A.-G., Berlin, gelungen, sich im Apparatebau eine solche Stellung zu verschaffen, dass sie als ernsthafte Rivalin der älteren Konkurrentin in Betracht zu ziehen ist.

Die im Jahre 1893 von ihrem heutigen ersten Direktor, Dr. Paul Meyer, begründete Firma wurde 1899 in die heutige Aktiengesellschaft umgewandelt. Sie arbeitet mit einem Aktienkapital von 2,5 Millionen Mark und erzielte im Jahre 1913 bei 3 Millionen Mark Umsatz einen Reingewinn von etwa 300 000 Mark, aus dem $7\frac{1}{2}$ % Dividende zur Verteilung gelangten. Der Aktienkurs ist 120. Die Anzahl der beschäftigten Arbeiter und Angestellten bewegt sich zwischen 8—900.

Abweichend von Voigt & Haeffner wird ausser der Fabrikation von Apparaten auch die von Messinstrumenten gepflegt, sodass die für die Schaltanlagen erforderlichen Instrumente nicht von fremden Firmen bezogen zu werden brauchen.

Lange Jahre hindurch beschränkte sich die Dr. Paul Meyer A.-G. ausschliesslich auf die Herstellung von Niederspannungs-Apparaten und -Schaltanlagen und ist für diese Erzeugnisse besonders in den Kreisen der Installateure ausgezeichnet eingeführt.

Erst seit einigen Jahren hat eine grosszügige Expansion in der Richtung der Hochspannung eingesetzt, und in überraschend kurzer Zeit sind moderne, mustergiltige Konstruktionen von Hochspannungs-apparaten entwickelt und in die Praxis eingeführt worden. Aus einem von der Firma im vorigen Jahre herausgegebenen Album mit den Ab-bildungen ausgeführter Anlagen geht hervor, dass ihre Erzeugnisse so-wohl bei grossen Ueberlandzentralen, als auch in der Montan- und sonstigen schweren Industrie guten Eingang gefunden haben. Schalt-anlagen grösseren Umfanges bis 24 000 Volt sind u. a. an das Rheinisch-Westfälische Elektrizitätswerk in Essen für verschiedene Unterstationen geliefert worden. Wenn auch der Vorsprung von V. & H. auf dem Felde der Hochspannungs-Schaltanlagen wohl nicht mehr einzuholen sein wird, so muss in Zukunft doch mit dem steigenden Wettbewerb von Dr. Paul Meyer gerechnet werden.

Beachtenswerte Leistungen im Apparatebau kann auch die Elektrische Messinstrumente- Apparate- und Schalttafelbau-Gesellschaft m. b. H., Frankfurt am Main aufweisen, bekannter unter der abgekürzten Bezeichnung „Emag."

Die Fabrikation umfasst ebenfalls ziemlich lückenlos das Feld der Niederspannungs- und Hochspannungsapparate, und es verdient betont zu werden, dass die Erzeugnisse dieser im Vergleich zu den vorgenannten Werken kleinen Firma sich von blossen Nachahmungen fernhalten und nach eigenen Ideen ihrer anscheinend sehr fähigen Mitarbeiter ausge-arbeitet sind. Besonders hervorzuheben sind Motorschaltkästen mit doppelter Verriegelung und eingebautem Nullspannungsausschalter, Oel-schalter bis 35 000 Volt mit automatischer, regelbarer Maximal-Zeitaus-lösung. Die Betriebssicherheit dieser Oelschalter wird noch dadurch erhöht, dass zwischen Kasten und Deckel eine Verriegelung vorgesehen ist, die ein Herablassen des Oelkastens bei geschlossenem Schalter ver-hindert; bei zu geringem Oelstand ist die Betätigung des Schalters durch eine besondere, der Firma patentierte Oelschwimmvorrichtung unmöglich gemacht. Die Emag hat auch grössere komplette Hochspannungs-Schaltanlagen an namhafte Zentralstationen geliefert.

Eine grosse Anzahl weiterer Apparatefabriken mittleren und kleineren Umfanges sind im Laufe der Zeit entstanden. Teils pflegen sie nur das Gebiet der Niederspannungsapparate, teils nur das der Hochspannungsapparate; auf dem zuletzt genannten Gebiete ist sogar die Spezialisierung in der Weise fortgeschritten, dass sich einzelne Betriebe nur auf die Herstellung gewisser Spezialapparate beschränken und vom Bau kompletter Schaltanlagen überhaupt absehen. Diese Entwicklung wird begünstigt durch die normalisierende Tätigkeit des Verbandes Deutscher Elektrotechniker, der neuerdings sogar für Hochspannungsapparate gewisse Richtlinien aufgestellt hat. Dadurch erhalten auch diese Apparate teilweise immer mehr den Charakter von Massenerzeugnissen, bei denen nicht mehr, wie in den Kinderjahren der Hochspannungstechnik, der erfinderische und konstruktive Geist, sondern Material- und Arbeitslöhne preisbildend sind.

Von den Apparatefabriken, die sich auf Niederspannungs-Schaltapparate spezialisiert haben, an welche in den letzten Jahren ebenfalls erhöhte Anforderungen gestellt werden, seien die Firmen Phönix Elektrizitätsgesellschaft m. b. H., Unna i.W., Paul Eisenstuck, Leipzig, Krogsgaard & Becker, Hamburg, erwähnt, deren Fabrikate in erster Linie von Installateuren gekauft werden.

Die das Land immer dichter überziehenden Fernleitungen haben mit ihren besonderen Anforderungen an die Schalttechnik eine neue Sonderindustrie für Freileitungsapparate ins Leben gerufen. Dieser Spezialzweig wird von den bereits oben erwähnten Firmen Voltawerke in Kassel und Gobiet in Rotenburg, ferner von Gebr. Hannemann & Co. G. m. b. H., Düren, E. Neumann, Berlin, Martin Bartels, Elektrizitäts-Gesellschaft m. b. H., Langenberg (Reuss) gepflegt.

Die Lieferung von Apparaten ganz hoher Spannungen sowie kompletter Hochspannungsschaltanlagen, bei denen auch in Zukunft Erfahrung und hohe Leistungsfähigkeit eine ausschlaggebende Rolle spielen und die Gesamtfunktion zu garantieren ist, wird ja wohl für absehbare Zeit den führenden Firmen vorbehalten sein; bei vielen Einzelapparaten aber dürfte in Zukunft mit steigendem Wettbewerb und sinkenden Preisen zu rechnen sein.

Wie schon oben erwähnt wurde, hat sich in der Fabrikation der Anlass- und Regulierapparate ein ziemlich selbständiges Gebiet des Apparatebaues herausgebildet. Die massenfabrikationsmässige Herstellung der Elektromotoren bewirkte auch eine Normalisierung und den Uebergang zur Massenfabrikation im Anlasserbau. Da die mittlere und kleinere Elektromaschinenindustrie Anlassapparate in der Regel nicht selbst herstellt, sind die Lebensbedingungen für eine selbständige Anlasserindustrie gegeben. Die gedrückten Preise der Elektromotoren beeinflussen natürlich in letzter Zeit auch die Preise der Anlassapparate, die von den Maschinenfabriken mit den Motoren zusammen an die Installateure oder Konsumenten geliefert werden. Heute sind die Verkaufspreise der normalen Anlasser auf einem Stand angelangt, der bei den Typen bis etwa 15 PS einen nennenswerten Verdienst fast ausschliesst.

Glücklicherweise ist aber die Anlasser-Spezialindustrie nicht nur auf dieses normalisierte Massenerzeugnis beschränkt, sondern sie findet in der Ausarbeitung der mannigfachsten Spezialkonstruktionen einen befriedigenden Ausgleich. Die elektromotorischen Antriebe haben heute derartig vielseitigen Anforderungen zu entsprechen, dass dem Konstrukteur der Anlass- und Regulierapparate immer schwierigere und mannigfaltigere Aufgaben erwachsen. Die ausgezeichneten Erfolge mit den walzenförmigen Anlass- und Regulierapparaten im Strassenbahnbetrieb führten schon früh dazu, ähnliche Konstruktionen auch für andere schwierige elektromotorische Betriebe, z. B. für Kräne, Aufzüge und elektrisch betriebene Werkzeugmaschinen einzuführen. Eine grosse Bedeutung haben ferner die völlig selbsttätigen Anlassapparate erlangt. Schon in den 90er Jahren sind solche Konstruktionen, bei denen die Steuerung durch einen besonderen Hilfsmotor bewirkt wurde, auf den Markt gekommen; heute beherrschen die sog. Schützsteuerungen das Feld, bei denen die einzelnen Widerstandsstufen in höchst sinnreicher Weise durch besondere Hilfsstromkreise aus- und eingeschaltet werden; nachdem der Schaltvorgang durch Betätigung eines Druckknopfes eingeleitet ist, vollzieht sich alles weitere völlig selbsttätig, und man ist von der Geschicklichkeit und der Aufmerksamkeit des Personals bei schwierig zu steuernden Maschinen ganz unabhängig geworden. Solche Schützsteuerungen werden heute bei elektrisch betriebenen Personen- und Lastenaufzügen ausschliesslich verwendet und haben in Verbindung mit der ebenfalls zu grosser Vollkommenheit ausgebildeten Druckknopfschaltung einen wesentlichen Anteil an der gegenwärtigen hohen Betriebssicherheit dieser wichtigen Anlagen.

Grosse Pumpen und Kompressoren sollen heute völlig automatisch betrieben und die Förderung den jeweiligen Verhältnissen angepasst werden, die Mechanismen moderner riesiger Werkzeugmaschinen mit ihren komplizierten Betriebsverhältnissen sollen ebenfalls mit Hilfe elektrischer Steuerapparate in zwangläufiger Reihenfolge und im beiderseitigen Richtungssinne bewegt werden.

Es bedarf keiner weiteren Erörterung, dass die Lösung solch umfassender und schwieriger Aufgaben eine Spezialisierung erfordert. Dies wurde schon im Jahre 1899 von dem damaligen Ingenieur F. Klöckner der Firma Voigt & Haeffner klar erkannt. Er begründete die Firma F. Klöckner, Ingenieur, Köln-Bayenthal, als erste Spezialfabrik für Anlass- und Regulierapparate. Aus bescheidenen Anfängen hat sich das Unternehmen seitdem zu einer Weltfirma mit 400 Arbeitern entwickelt, deren Vertreternetz alle fünf Weltteile umspannt. Das Arbeitsgebiet umfasst sämtliche Hoch- und Niederspannungsapparate für den elektromotorischen Antrieb und die Geschwindigkeitsregelung elektrisch betriebener Arbeitsmaschinen aller Gattungen, Kräne, Personen- und Lastenaufzüge, Bergwerks- Hütten- und Walzwerksmaschinen, Pumpen- und Kompressorenanlagen. Sogar die elektrotechnischen Grossfirmen machen sich in komplizierten Betriebsfällen die reichen Spezialerfahrungen der Firma zu Nutze.

Von weiteren Spezialfabriken auf diesem Teilgebiete erwähnen wir noch die Controller G. m. b. H., Düsseldorf und die Rheostat, Spezialfabrik elektrischer Apparate, E. Kussi, Dresden; die zuletzt genannte Firma hat sich durch ihre patentierten Konstruktionen zum selbsttätigen Anlassen von Pumpen und Kompressoren innerhalb kurzer Zeit einen guten Namen in der Fachwelt verschafft.

In ausgedehnter Weise sind übrigens auch eine Anzahl der grösseren Spezialfabriken elektrischer Maschinen im Bau von Apparaten und Schaltanlagen tätig. Firmen wie Pöge, Sachsenwerk, Schorch, Conz u. a. betreiben einen umfassenden Apparatebau und sind für die normalen Schalt- und Anlassapparate von fremden Bezügen ziemlich unabhängig. Am freien Markte treten die Maschinenfabriken mit diesen Erzeugnissen fast garnicht auf, da die Produktion vorwiegend den Zwecken der eigenen Installationstätigkeit dient.

3. Elektrische Messinstrumente.

Soweit es sich um Messinstrumente für Schaltanlagen handelt, ist der Instrumenten- mit dem Schaltapparatebau eng verschwistert. Der Apparatefabrikant gebraucht zur Herstellung der Schalttafeln ausser den von ihm selbst fabrizierten Apparaten in erster Linie Messinstrumente, und die Gruppe der Spezialfabriken für Schaltapparate ist daher die vornehmlichste Abnehmerin für Schalttafel-Messinstrumente.

Die technische Entwicklung der Schalttafelmessinstrumente ist ähnlich derjenigen der Schaltapparate und des Schaltwesens verlaufen. Im Anfang genügten primitive Solenoid-Instrumente; später kamen dann elektromagnetische Weicheisen- und Drehspulinstrumente dazu; aber erst der hochgespannte Wechselstrom liess die ganzen Entwicklungsmöglichkeiten der Messtechnik hervortreten. Auf streng wissenschaftlicher Grundlage, durch Anwendung äusserst scharfsinniger, mathematisch-physikalischer Methoden schuf die Elektro-Messtechnik, unterstützt von den bewundernswerten Fortschritten der Präzisionsmechanik, Instrumente höchster Vollkommenheit zur Messung der verschiedenen Wechselstromgrössen; durch ihre gründlichen Forschungen und exakten Leistungen hat die Elektro-Messtechnik wesentlich zur Erkenntnis der im Anfang noch verwickelt erscheinenden Vorgänge im Wechsel- und Drehstromkreise beigetragen.

Zu noch höherer Stufe gelangte die Messtechnik auf dem Gebiete der tragbaren Kontrollinstrumente sowie der allerdings schon wesentlich älteren wissenschaftlichen Laboratoriumsinstrumente; es gelang hier die Herstellung von Instrumenten höchster Empfindlichkeit, die zur Messung erstaunlich kleiner elektrischer Grössen befähigen.

Zu einem wichtigen Gebiet der Elektro-Messtechnik ist ferner die Herstellung registrierender Instrumente geworden. Auf laufende Betriebskontrolle und praktische Nutzanwendung der erhaltenen Messdiagramme legen die Elektrizitätswerke und Strassenbahnen, in letzter Zeit auch die Privatindustrie, den grössten Wert; in den registrierenden Instrumenten hat die Messtechnik ein vorzügliches Mittel geschaffen, um den ordnungsgemässen Verlauf der Stromerzeugung ständig zu kontrollieren.

Als führendes Werk auf diesem Spezialgebiet muss die Hartmann & Braun Aktiengesellschaft, Frankfurt/M. gelten. Die Firma wurde als kleines Privatwerk im Jahre 1879 von Hartmann in Würzburg auf Anregung des späteren Präsidenten der Physikalisch-Technischen Reichsanstalt, Kohlrausch, gegründet und gehört somit zu den ältesten elektrotechnischen Sonderfabriken. Im Jahre 1882 trat als kaufmännischer Teilhaber Braun in die Firma ein, 1884 wurde der Betrieb nach Frankfurt verlegt und die offene Handelsgesellschaft Hartmann & Braun gegründet. In den Entwicklungsjahren war die Fabrikation ziemlich umfassend; ausser wissenschaftlichen und technischen Messinstrumenten wurden Telephonapparate und Klein-motoren hergestellt. Auch wurde einige Zeit hindurch die Installations-tätigkeit ausgeübt, und aus diesem Zweige entwickelte sich dann in der Folge eine noch heute bestehende Fabrikationsabteilung für Installations-materialien. Diese uns heute unverständlich vorkommende Vielseitigkeit in der Fabrikation ist bezeichnend für die Kinderjahre der Elektrotechnik; das einzelne Spezialgebiet war noch nicht lohnend genug, man glaubte daher nicht vielseitig genug sein zu können, um dann schon wenige Jahre später zu erkennen, dass die gesteigerten Anforderungen Beschränkung und Konzentration auf ein einziges Gebiet erheischen. Noch auf der Frankfurter Elektrizitätsausstellung 1891 zeigten Hartmann & Braun Kleinmotoren von $1/20$ bis 1 PS, und im Ausstellungsbericht findet sich über diese Motoren eine Beschreibung, aus der wert ist folgendes fest-gehalten zu werden: „Interessant ist die Anordnung der Bürsten. Die Kohlenbürsten haben zylindrische Form und sind in Metallröhren einge-setzt. Vermittels einer Spiralfeder, deren Druck durch eine Schraube reguliert werden kann, werden die Kohlen gegen den Kommutator ge-presst. Hierdurch entsteht ein guter Kontakt, und der Kommutator ist keiner Abnutzung unterworfen." Es ist dies interessant, weil für Klein-motoren bis auf den heutigen Tag eine derartige Bürstenanordnung an-gewendet wird.

Im Jahre 1887 umfasste die Fabrikation ausser den technischen Instrumenten schon folgende Gattungen: Galvanometer, Tangenten-boussolen, Elektro-Dynamometer, Magnetometer, Erdinduktoren, Wider-standsmesser, Pyrometer bis 1200⁰.

In den folgenden Jahren wurde das Hitzdraht-Messgerät entwickelt, das bis auf den heutigen Tag als das beste Messinstrument für Wechsel-strom gelten muss. Mit diesem Instrument hat sich die Firma Hartmann & Braun im In- und Auslande ihren Weltruf verschafft, und noch heute, nachdem die hauptsächlichsten Hitzdrahtpatente längst gefallen sind, hat die Firma für diese Instrumentengattung einen bedeutenden Vor-sprung vor ihren Konkurrenten.

Der Katalog von 1893 enthält fast sämtliche auch heute noch ge-bräuchlichen Präzisionsinstrumente für technischen und wissenschaft-lichen Gebrauch. Auf der Chikagoer Weltausstellung 1893 erregte die geschmackvoll gruppierte Sonderausstellung von Hartmann & Braun berechtigtes Aufsehen. Die Kollektion enthielt ein vollständig ausge-stattetes Messlaboratorium, und im ganzen wurden etwa 320 verschiedene Instrumente ausgestellt.

Als die Firma im Jahre 1901 in eine Aktiengesellschaft — eine reine Familiengründung — umgewandelt wurde, zählte sie 400 Angestellte, darunter 150 Beamte. Es kam also 1 Beamter auf ca. 2,7 Arbeiter, eine ausserordentlich hohe Zahl, die charakteristisch ist für solche fein-mechanischen Qualitätsindustrien mit stark wissenschaftlichem Einschlag. Das Aktienkapital beträgt seit der Gründung unverändert 1 700 000 Mark, wozu noch 1 040 000 Mark Schuldverschreibungen und 1 057 000 Mark Hypotheken kommen. Die hauptsächlichsten statistischen Daten aus dem Geschäftsjahre 1913 sind folgende: Beschäftigte Personen 924, Bruttogewinn 1 912 000 Mark, Reingewinn 475 650 Mark, Umsatzsteigerung gegenüber 1901 75 %, Anzahl der Patente und Gebrauchsmuster 753.

Was die Firma Hartmann & Braun mit Hilfe eines Stabs von wissenschaftlich geschulten Mitarbeitern und mustergiltiger Prüf- und Eicheinrichtungen sowohl für die Entwicklung ihres engeren Spezialzweiges als für die des ganzen Faches geleistet hat, gehört der Geschichte der Elektrotechnik an. An dieser Stelle verdient noch besonders erwähnt zu werden, dass Hartmann & Braun die erste Firma war, welche die Frage der gerade für die feinmechanische Qualitätsindustrie so überaus wichtigen systematischen Lehrlingsausbildung mit Erfolg gelöst hat. Ferner hat die Firma den Anstoss zur Errichtung der dem Physikalischen Verein in Frankfurt angegliederten Elektrotechnischen Lehr- und Versuchsanstalt gegeben. Die von diesem Institut eingerichteten Unterrichtskurse für theoretische und praktische Elektrotechnik sind im Laufe der Jahre von Hunderten von Installateuren besucht worden und haben wesentlich zu den Fortschritten der Installationstechnik beigetragen. Nach dem Muster dieser schon 1888 eingerichteten Frankfurter Kurse sind dann später alle weiteren Installationskurse entstanden.

Auch im letzten Jahrzehnt reihen sich die wissenschaftlich-technischen Leistungen von Hartmann & Braun würdig den früheren an. Erwähnenswert ist vor allem der auf den Resonanzerscheinungen abgestimmter Stahlzungen beruhende Zungenfrequenzmesser, der heute zu einem fast unentbehrlichen Hilfsinstrument für die Wechselstromtechnik geworden ist, da er in einfacher, absolut sicherer Weise die Einhaltung und Kontrolle der Periodenzahl ermöglicht.

Das in den letzten Jahren etwas zurückgetretene Gebiet der Gleichstrom-Normalinstrumente hat durch Hartmann & Braun eine weitere bemerkenswerte Ausbildung durch die Einführung der sog. Multiplex-Schaltung erfahren. Das Wesen dieser Schaltung besteht darin, dass die

Instrumente für mehrere Strommessbereiche in der Weise nutzbar gemacht werden, dass sie mit mehreren, in ihren Angaben temperaturunabhängigen Messbereichen versehen und an einen Nebenschluss von passend abgeglichenem Widerstand angelegt werden, um durch einfaches Umschalten des Millivolt-Messbereiches ebenso viel Strommessbereiche zu erhalten. Beim Wechsel des Messbereiches innerhalb einer durch einen Nebenschluss geschaffenen Stufenfolge fällt also die lästige Unterbrechung und Umschaltung der Hauptstromkabel fort, was z. B. bei Abnahmeprüfungen und Zählereichungen von grossem Vorteil ist.

Eine durchgreifende Neukonstruktion haben in den letzten Jahren auch die Registrierinstrumente der Firma erfahren, die heute für jede Zentralstation und jeden Fabrikbetrieb mit grösserer elektrischer Anlage zu unentbehrlichen Messgeräten geworden sind. Schon bei den alten Hartmann & Braun'schen Registrierinstrumenten wurde im Gegensatz zu anderen Konstruktionen ein rechtwinkliges Koordinatensystem benutzt, was die Ablesung bedeutend erleichtert. Bei den Instrumenten der neuen Konstruktion ist diese Aufschreibung in geradlinigen Koordinaten in höchst sinnreicher Weise erreicht, indem das Registrierpapier an der Schreibstelle über ein Zylindersegment geführt wird, dessen mathematische Achse mit der Drehachse des Messgeräts zusammenfällt. Auch die sonstigen Konstruktionseinzelheiten des neuen Registrierinstruments, die Anordnung einer Tintenrinne längs des ganzen Zylindersegments, die leicht auswechselbare Saugrohrfeder aus Glas, die austauschbaren Räder zur Erzielung verschiedener Papiergeschwindigkeiten, verdienen rühmenswerte Erwähnung. Nach diesen Konstruktionsgrundsätzen werden registrierende Ampere-Volt-Watt-Fasen- und Frequenzmesser gebaut.

Grosse Fortschritte sind von Hartmann & Braun auch auf dem Felde der Fernmessung von Temperaturen erzielt worden. Entweder werden die Temperaturmessungen auf Widerstandsmessungen zurückgeführt, oder es wird die termo-elektrische Kraft zweier miteinander verlöteter Metalle zur Ermittelung der Temperatur benutzt; das erstgenannte System eignet sich für Temperaturen bis 600°, das letztgenannte für hohe Temperaturen bis 1600°. Ein sehr sinnreich konstruierter Mehrfach-Registrierapparat gestattet die Kontrolle mehrerer, räumlich getrennter Temperaturstellen; die Umschaltung von der einen auf die andere Messstelle erfolgt selbsttätig in bestimmten Zeitintervallen.

Vorbildlich ist die Firma Hartmann & Braun für die ganze Messtechnik auch durch die vornehme Ausstattung und die elegante äussere Form ihrer Messinstrumente geworden; wenn es auch in erster Linie auf die Güte der Instrumente ankommt, die äussere Form spielt gerade bei

Erzeugnissen der Präzisionsmechanik eine keineswegs zu vernachlässigende Rolle.

Die Geschichte der Weston Instrument Company, G. m. b. H., Berlin-Schöneberg, einer Tochtergesellschaft des gleichnamigen amerikanischen Unternehmens, ist mit der Ausbildung des Normalinstrumentes für Gleichstrom nach dem Deprez-System aufs engste verknüpft. Dieses Messinstrument, dessen Rolle vor 20 Jahren, als noch der Gleichstrom überwiegte, eine ungleich bedeutendere war als heute, ist von der Weston-Gesellschaft zu grosser Vollkommenheit ausgebildet worden; erst diese Instrumententype hat exakte, zuverlässige, von benachbarten magnetischen Feldern unbeeinflusste Messungen ermöglicht und ist somit ein wichtiges Hilfsmittel für die wissenschaftliche Erkenntnis der elektrischen Vorgänge geworden. Alle ähnlichen Konstruktionen von Normalinstrumenten, die in der Folgezeit auf dem Markte erschienen sind, knüpfen eng an das klassische Weston-Normalinstrument an.

Aber auch das Gebiet der Wechselstrommessungen ist von Weston nicht etwa vernachlässigt worden. Es sind in den letzten Jahren auf Grund eigener wissenschaftlicher Forschertätigkeit vorbildliche Konstruktionen von Wechselstrom- und Drehstrom-Messgeräten für Schalttafel- und transportable Zwecke entstanden, die den besten Erzeugnissen der Elektromesstechnik an die Seite gestellt werden müssen und auch in Bezug auf präzisionsmechanische Ausführung keinen Wunsch unbefriedigt lassen.

Der Messinstrumentenbau der schon oben erwähnten Dr. Paul Meyer A.-G., Berlin, so bedeutend und umfangreich er auch ist, steht mehr im Dienste des für die Firma sicherlich ungleich wichtigeren Baues von Schaltapparaten und kompletten Schaltanlagen. Für die Ausbildung von Spezialerzeugnissen, die den beiden vorgenannten Firmen ihren Weltruf verschafft und sie mit der Geschichte der Elektrotechnik verknüpft haben, liegt bei Dr. Paul Meyer keine Veranlassung vor, da der immer umfangreicher werdende Bau kompletter Schaltanlagen bereits ein ausgedehntes Arbeitsfeld bietet und die Kräfte vollauf in Anspruch nimmt.

Eine Messinstrumentenfabrik, die sich ihre Ziele sehr hoch gesteckt hat, ist die „Nadir", Fabrik elektrischer Messinstrumente, Kadelbach & Randhagen G. m. b. H., Berlin-Wilmersdorf. Die Firma pflegt vorwiegend das Gebiet der tragbaren Präzisionsinstrumente und hat ihr Augenmerk darauf gerichtet, mit mässigen Preisen höchste Genauigkeit und exakte, vornehme Ausführung zu vereinigen. Wie Hartmann & Braun so hat auch Nadir bei den Normalinstrumenten durch eine besondere Schaltungsanordnung erreicht, dass beim Uebergang von einem Messbereich auf einen anderen der Hauptstrom nicht unterbrochen zu werden braucht. In eleganter Weise wird bei den Normalvoltmetern ferner der Messbereich durch „Ansteck-Vorschaltwiderstände" bezw. „Vorschaltwiderstandstöpsel" nach oben und unten verändert.

Eine bemerkenswerte Bereicherung der Elektromesstechnik bedeuten die von Nadir geschaffenen Kontrolleinrichtungen zur Prüfung elektrischer Messinstrumente nach Art der Kompensationsapparate. Eine Nacheichung von im Betrieb befindlichen technischen Messinstrumenten oder von tragbaren Präzisionsinstrumenten war früher mit Umständen und Zeitverlusten verknüpft, da ein grosser und kostspieliger Kurbel - Kompensationsapparat mit Spiegelgalvanometer verwendet werden musste. Nach dem neuen Verfahren von Nadir wird der technische Kompensationsapparat in einer einfachen Schaltung mit dem zu prüfenden Messgerät verbunden; man kontrolliert nur den vollen Skalenausschlag, und falls dieser stimmt, ist auch die ganze Skala richtig; weist dagegen der obere Skalenpunkt eine Abweichung auf, so erstreckt sich der Fehler proportional über die ganze Skala. Man ist also in den Stand gesetzt, die Instrumente sowohl im Laboratorium als in der Zentrale nachzueichen, wobei der Einfluss benachbarter Starkstromleitungen und magnetischer Felder bereits bei der Eichung berücksichtigt wird.

Die von Nadir hergestellten Millivoltmeter und Galvanometer zeichnen sich, ähnlich wie die von Weston, durch ausserordentlich hohe Empfindlichkeit aus. Erwähnenswert ist noch ein Universal-Messgerät, welches gestattet, die verschiedenartigsten Messungen in einfacher Weise vorzunehmen; alle für die Messungen erforderlichen Hilfsmittel sin1 in dem Apparat enthalten.

Einen bemerkenswerten Fortschritt bedeutet auch das von Nadir angegebene Verfahren der Fehlerortsbestimmung nach der Spannungsabfallmethode, die ohne weitere Rechnung die Ermittlung der Fehlerstelle des schadhaften Kabels in Meterentfernung von der Messstelle gestattet.

Ein umfassendes Arbeitsprogramm hat sich die Spezialfabrik elektrischer Messinstrumente und Widerstände Robert Abrahamson, Berlin, gestellt. Die Fabrikation umfasst ziemlich lückenlos alle Schalttafel- und transportabeln Typen für Gleich- und Wechselstrom. Als Spezialität wird der Bau von

Präzisions-Gleitwiderständen, Stöpsel- und Kurbelwiderständen betrieben, die für wissenschaftliche Zwecke, sowie als Eich- und Belastungswiderstände ausgedehnte Verwendung finden.

Auch die Firma D r. S i e g f r. G u g g e n h e i m e r , S p e z i a l - f a b r i k   e l e k t r . M e s s i n s t r u m e n t e   u n d   A p p a r a t e , N ü r n b e r g , ist trotz ihres erst achtjährigen Bestehens bestrebt ihre Fabrikation auf eine möglichst breite Grundlage zu stellen und das ganze Gebiet der Messinstrumente zu pflegen. Es werden Schalttafelinstrumente in allen gebräuchlichen Grössen und Formen und transportable Instrumente für alle Zwecke hergestellt. Es verdient besondere Anerkennung, dass die Firma auch seltener vorkommende Erzeugnisse aufgenommen hat, deren Herstellung und Eichung gründliche wissenschaftliche Arbeit und Forschertätigkeit erfordert. Von solchen Instrumenten erwähnen wir Präzisionswattmeter für alle vorkommenden Messungen, Phasenmeter, dynamometrische Instrumente, Synchronisierungseinrichtungen, Frequenzmesser, Laboratoriumsinstrumente, Messbrücken und Präzisionswiderstände. Besondere Beachtung verdient das Wechselstromamperemeter der Firma nach dem Deprezsystem. Der zu messende Strom erwärmt vier in Brückenschaltung angeordnete Termoelemente, und die von diesen erzeugte elektromotorische Kraft, die zu dem zu messenden Strom in einem bestimmten Verhältnis steht, wird mit Hilfe einer besonderen Schaltung zur Messung benutzt. Das Instrument vermeidet also die den Wechselstrommessgeräten anhaftenden Nachteile und führt die Messungen auf das einfache und zuverlässige Gleichstrom-Deprezsystem zurück.

Ebenfalls ist die S p e z i a l f a b r i k   e l e k t r i s c h e r   M e s s - i n s t r u m e n t e   u n d   A p p a r a t e   F u s s n e r   &   F o r d e m a n n , G o d e s b e r g , sichtlich bestrebt, den Kreis ihrer Fabrikation zu erweitern und zu mässigen Preisen mechanisch und elektrisch gründlich durchgearbeitete Instrumente zu liefern. Man will offenbar nicht nur bei den einfachen, für Installateure in Betracht kommenden Typen bleiben, sondern auch diejenigen Instrumente in die Fabrikation einbeziehen, die eine höhere wissenschaftliche Erkenntnis erfordern.

Die alte, bis 1857 zurückreichende Firma K e i s e r   &   S c h m i d t , C h a r l o t t e n b u r g , ist seit langen Jahren wegen ihrer elektrischen Fernthermometer und Pyrometer bekannt; neuerdings sind auch Feuerungskontrollapparate, auf elektrischem Prinzip beruhend, auf den Markt gebracht worden.

D r . T h . H o r n , L e i p z i g - G r o s s z s c h o c h e r , bevorzugt als Spezialität das Gebiet der registrierenden Messinstrumente.

Auch die schon erwähnte „E m a g“ stellt in beschränktem Umfange Messinstrumente her, die aber weniger zum direkten Verkauf als für die von der Firma hergestellten Schaltanlagen dienen.

Im letzten Jahrzehnt sind zahlreiche neue Fabriken elektrischer Messinstrumente entstanden. Vielfach haben sich diese neuen Wettbewerber auf einige wenige Typen der gangbarsten Schalttafel- und transportablen Instrumente beschränkt, deren Preise unter dem Druck des übergrossen Angebotes stark gewichen sind; leider ist der Markt auch nicht von fragwürdigen Massen-Erzeugnissen verschont geblieben, während doch wohl kein Gegenstand der elektrotechnischen Produktion für die Massenherstellung weniger geeignet ist als das Messgerät, auf dessen individueller Eichung und absoluter Zuverlässigkeit ja gerade sein Wert beruht. Der steigende Verbrauch an Messinstrumenten und eine häufig anzutreffende Verständnislosigkeit der für solch billige Massenware in Betracht kommenden Installateurkundschaft begünstigt allerdings das Aufkommen solcher, häufig mit ganz unzureichenden Betriebsmitteln arbeitenden Fabriken. In Ermangelung der kostspieligen Eichlaboratorien und ohne wissenschaftlich gebildete Mitarbeiter können solche Werkstätten garnicht daran denken, über die Fabrikation der einfachsten Messgeräte hinauszugehen.

Die Folge dieses Zustandes war naturgemäss ein kolossaler Preissturz für die einfachen Schalttafel- und tragbaren Instrumente. Auch die führenden Werke mussten diesen Vorgängen Rechnung tragen und mit den Preisen der einfachen Instrumente entsprechend heruntergehen; (die Preise der elektromagnetischen Schalttafel-Instrumente sind innerhalb 10 Jahren um etwa 50 % gesunken), es trat aber trotzdem im Laufe der Zeit eine gewisse Scheidung ein, die eigentlich im Interesse des wissenschaftlichen und technischen Fortschritts zu begrüssen ist. Die führenden, auf die Hochhaltung ihrer Tradition bedachten Werke haben sich noch mehr als früher auf die Qualitätsmessgeräte konzentriert und die zur farblosen Massenware herabgesunkenen Typen, bei denen ohnehin kein nennenswerter Verdienst mehr bleibt, teilweise den neu aufgekommenen Konkurrenzfabriken überlassen. Natürlich werden diejenigen Abnehmerkreise, für die das Messinstrument niemals zur Massenware werden kann, auch die einfachen Typen nach wie vor von einer der führenden Fabriken beziehen.

Die stets wachsenden Aufgaben der Hochspannungstechnik stellen an die Messtechnik solch hohe Ansprüche, und das den führenden Werken vorbehaltene Arbeitsfeld ist so umfassend, dass der Verlust gewisser Abnehmerkreise wenig empfunden wird, umso weniger, als die Spezialfabriken elektrischer Instrumente in steigendem Masse dazu übergegangen sind, wichtige, früher von Hilfsindustrien bezogene Einzelteile, wie Uhrwerke, Gehäuse und Messwandler, im eigenen Betrieb herzustellen, wodurch das Arbeitspensum bedeutend angewachsen ist; selbst das Verschwinden grosser Elektrizitätsgesellschaften, die mangels eigener Fabrikation ihre Messinstrumente von den Spezialfabriken bezogen haben, (Kummer, Helios, Lahmeyer, Union) hat angesichts des wachsenden Bedarfs an Qualitätsmessinstrumenten auf die Dauer dem Absatz der Spezialfabriken keinen Abbruch tun können.

Die Fabrikation des Elektrizitätszählers hat sich im Laufe der Zeit zu einem besonderen Zweige der Messtechnik entwickelt, der von einer Anzahl von Spezialfirmen gepflegt wird. Dies findet ganz naturgemäss seinen Grund darin, dass der Zähler eine andere Stellung in der elektrotechnischen Wirtschaft einnimmt als das technische Messinstrument. Während das letztere hauptsächlich zu gewerblichen Zwecken und in verhältnissmässig geringer Anzahl Verwendung findet, dient der Zähler vorwiegend privat- und hauswirtschaftlichen Zwecken, nämlich zur Feststellung der von den Abonnenten eines Elektrizitätswerkes verbrauchten elektrischen Energie. Wegen der Vielheit und Gleichartigkeit dieser Stromkonsumenten kann daher der Elektrizitätszähler kein Apparat sein, der von Fall zu Fall unter Zugrundelegung bestimmter technischer Anforderungen und Messdaten hergestellt wird, sondern er wird von den Elektrizitätswerken in grossen Mengen, meist auf Grund vorhergegangener Ausschreibungen in Auftrag gegeben. Die gedrückten Submissionspreise und der gerade auf dem Zählermarkte äusserst fühlbare Wettbewerb der Grossfirmen zwingen zu rationellen Verfahren der Massenherstellung unter Ausnützung moderner Arbeitsmethoden, um für den minimalen Gewinn am einzelnen Stück in der Herstellung grosser Mengen und Herabminderung der Fabrikationsunkosten einen Ausgleich zu finden. Im Zeitraum von 15 Jahren ist der Preis kleiner Gleichstromzähler von 100 Mark auf 35 Mark, der kleiner Wechselstromzähler von 60 Mark auf 18 Mark gesunken.

Es leuchtet ein, dass diese schwierigen Fabrikationsbedingungen von kleinen, kapitalschwachen Fabriken nur schwer erfüllt werden können, weshalb auf dem Gebiete der Elektrizitätszähler auch vorwiegend grosse, leistungsfähige Spezialfirmen tätig sind.

Der häufige Wechsel in der Tarifpolitik der Elektrizitätswerke hat den Bau und Verbrauch der Zähler sehr beeinflusst. Die verschiedenartigsten Stromtarifsysteme werden in der Praxis angewendet, und noch ist es unentschieden, welche Tarifform als die beste, den Interessen des Stromverkäufers wie denen des Strombeziehers in gleicher Weise dienend, anzusehen ist; eine Normalisierung wird übrigens niemals möglich sein, weil die Eigenart der Bevölkerung in den verschiedenen Landesteilen, ihr Wohlstand, ihre Beschäftigung u. s. w. zu berücksichtigen sind. Die Konstruktion der Zähler muss aber den verschiedenen Tarifsystemen angepasst werden, und so haben sich neben dem einfachen Zähler der Doppeltarif-, Pauschal- und Spitzenzähler, sowie der Elektrizitätsautomat eingebürgert.

Die von Jahr zu Jahr strenger werdenden Anforderungen an die Genauigkeit und Empfindlichkeit der Zähler in Verbindung mit den Aenderungen der Tarifsysteme machen eine häufige Auswechslung der Zähler nötig und sichern der Zählerindustrie schon von Seiten der älteren Elektrizitätswerke reichliche und ständige Beschäftigung, ganz abgesehen von dem in den letzten Jahren gewaltig angewachsenen Bedarf der Ueberlandzentralen. Entsprechend der Vorherrschaft des Drehstroms kommen heute vorwiegend Drehstromzähler in Betracht; die Anwendung des Gleichstroms hat in den letzten Jahren keine Fortschritte mehr gemacht.

Ein lohnender Fabrikationszweig ist für die Zählerindustrie seit einigen Jahren auch in der Herstellung der sog. Schaltuhren zur automatischen Aus- und Einschaltung von Apparaten, insbesondere von Lampen für Treppen- und Strassenbeleuchtung entstanden. Die Ein- und Ausschaltzeit ist bei diesen Apparaten beliebig im voraus einstellbar, ja in neuerer Zeit werden sogar Schaltuhren auf den Markt gebracht, bei denen sich die Schaltzeiten vollkommen selbsttätig nach dem Brennstundenkalender einstellen.

Die Herstellung anderer in das Gebiet der Zähler fallender Messinstrumente wie z. B. der Strassenbahnzeitzähler und Stromunterbrecher für Pauschalabonnenten wird ausser von der Zählerindustrie auch von sonstigen Messinstrumenten-Fabriken, z. B. von Hartmann & Braun, betrieben.

Als wichtigste und älteste Elektrizitätszählerfabrik muss die Firma H. A r o n , E l e k t r i z i t ä t s z ä h l e r f a b r i k G. m. b. H., C h a r l o t t e n b u r g , gelten. Diese bedeutende Spezialfirma hat ihren Ausgangspunkt von der Studierstube des Gelehrten genommen. Im Jahre 1883 beschäftigte sich der Gründer der Firma, der spätere Geheime Regierungsrat Prof. Dr. Aron mit wissenschaftlichen Versuchen aus dem Gebiete der Elektrizität. Damals waren gerade die ersten schüchternen Versuche gemacht worden die Elektrizität käuflich an Private abzugeben, und Aron beschäftigte sich mit dem Gedanken einen Messapparat zu konstruieren, der die bezogene Energie derart registrierte, dass die Konsumberechnung ohne Schwierigkeiten möglich war. Die Frucht dieser wissenschaftlichen Arbeiten war der berühmte Aron'sche Pendelzähler, von dem die ganze Zählertechnik ihren Ausgang genommen hat. Aron nahm auf den neuen Zähler ein Patent und eröffnete noch in demselben Jahre 1883 eine kleine Versuchswerkstatt in Berlin. In grösserem Massstabe wurde der Aron'sche Zähler zuerst im Jahre 1885 bei den Berliner Elektrizitätswerken verwandt, nachdem vorher eine eingehende Untersuchung durch eine Kommission des Berliner Magistrats stattgefunden hatte.

Als dann später der Motorzähler aufkam, wurde auch dessen Fabrikation aufgenommen und weiter ausgebildet.

Die regen Auslandsbeziehungen liessen es später angebracht erscheinen im Auslande eigene Fabrikationsstätten zu errichten, und so entstanden Anfangs der 90er Jahre Zweigfabriken in Paris und London und später eine Fabrik in Wien. Ein besonderer Fabrikbetrieb entstand in Schweidnitz und dient ausschliesslich zur Herstellung der Einzelteile, während in den anderen Fabriken die Zusammenstellung und Eichung der Apparate vorgenommen wird. Im Jahre 1900 wurde die Berliner Fabrik in ein modern eingerichtetes Gebäude nach Charlottenburg verlegt. Die gesamte in- und ausländische Arbeiterzahl beträgt heute etwa 2000, und in den Aron'schen Unternehmungen arbeitet ein Kapital von 7 Millionen Mark.

Infolge des riesigen Aufschwungs der Ueberlandzentralen hat sich besonders die Zahl der hergestellten Wechsel- und Drehstromzähler ausserordentlich gesteigert, und die Firma hat ihr Hauptaugenmerk mit Erfolg darauf gerichtet für kleine Verhältnisse einen billigen und doch zuverlässigen Zähler zu schaffen. Die Herstellung von Hochspannungszählern für grössere Abnehmer bis zu Spannungen von 30 000 Volt hat ebenfalls eine grosse Bedeutung erlangt. Die Gesamtproduktion an Zählern beträgt mehrere 100 000 Stück im Jahr.

Neben dieser Firma ist noch zu erwähnen die I s a r i a Z ä h l e r W e r k e A.-G., M ü n c h e n (Kapital 2,2 Millionen, letzte Dividende 10%.) Obschon sich das gesamte Aktienkapital im Besitz des Brown, Boveri-Konzerns befindet, muss diese Fabrik doch zu den Spezialfirmen gerechnet werden, weil die B. B.-Gruppe bei weitem nicht die Gesamterzeugnisse der Isariawerke in Anspruch nimmt, und letztere in der Verkaufspolitik völlig selbständige Hand hat. Die Firma wurde gegründet im Jahre 1894 durch den früheren Ober-Ingenieur Hummel der Firma Schuckert. Die Umwandlung in die heutige Aktiengesellschaft erfolgte im Jahre 1909. In einem modernen Fabrikneubau, der mit allen neuzeitlichen Errungenschaften ausgestattet ist, werden jährlich etwa 200 000 Zähler sowie 30 000 Kleinmotoren und Ventilatoren hergestellt. Eigene Zweigfabriken im Allgäu und im Schwarzwald versorgen das Stammhaus mit den erforderlichen Einzelteilen. Insgesamt werden in dem Unternehmen etwa 1600 Personen beschäftigt. Der Isariazähler ist heute neben dem Aronzähler, wenn man von den Zählern der Elektro-Grossfirmen absieht, der verbreitetste Elektrizitätszähler.

Der Vollständigkeit halber seien noch folgende Zähler-Spezialfabriken genannt: K e i s e r u n d S c h m i d t, C h a r l o t t e n - b u r g, K ö r t i n g u n d M a t h i e s e n A.-G., L e u t z s c h b e i L e i p z i g, C o m p t a t o r G. m. b. H., B e r l i n - S c h ö n e b e r g. (Tochtergesellschaft von Mix und Genest A.-G.)

4. Bogenlampen.

Die Industrie der Bogenlampen beschäftigte früher eine weit grössere Zahl von Spezialfabriken als heute. Ja, in den 80er und 90er Jahren war der Anreiz, der von den vielen ungelösten Problemen der Bogenlampe ausging, so mächtig, dass sich sogar Spezialfabriken elektrischer Maschinen vorübergehend mit der Herstellung von Bogenlampen befassten. Eine Unzahl von Patenten wurden auf die Regulierungssysteme und sonstigen Konstruktionselemente genommen, und wohl kaum ein anderes Problem der Elektrotechnik hat soviel Geister in Bewegung gesetzt, soviel scharfsinnige und geistvolle Erfinderleistungen hervorgerufen, wie das der Bogenlampe.

Aber trotz dieser erstaunlichen technischen und betriebsökonomischen Entwicklung ist der Verbrauch der Bogenlampen im Rückgang begriffen, obwohl gerade in jüngster Zeit weitere bemerkenswerte Verbesserungen hinsichtlich Brenndauer, Erhöhung der Lichtstärke, Oekonomie und ruhiges Licht zu verzeichnen sind. Die modernsten Bogenlampen haben nur $^1/_5$ bis $^1/_6$ Watt Verbrauch für die Kerze, 40 bis 120 Stunden Brenndauer mit einem Kohlenpaar und werden bis zu 10 000 Kerzenstärken gebaut. Ein Vergleich dieser geradezu idealen Lichtquellen mit den offenen, wenig betriebssicheren Reinkohlenlampen oder den grellroten, unruhig flackernden Effektlampen, die vor etwa 10 Jahren das Strassenbild verunzierten, ist überhaupt nicht angängig.

Die Gründe für den Rückgang oder zum wenigsten den Stillstand[*]) in der Bogenlampenindustrie sind im Aufkommen einer neuen Beleuch-

---

[*]) Der letzte Geschäftsbericht der A. E. G. stellt einen Rückgang in der Bogenlampenerzeugung fest.

tungsart, nämlich der hochkerzigen Metallfadenlampen, zu suchen. Wir werden Gelegenheit haben auf diese Verhältnisse im folgenden, die Glühlampenindustrie behandelnden Abschnitt, eingehend zurückzukommen.

Mehrere Bogenlampen-Spezialfabriken sind infolge der ungünstigen Lage des Zweiges und eigener organisatorischer Fehler in den letzten Jahren von der Bildfläche verschwunden, und es ist eigentlich nur noch eine Spezialfirma von Weltruf zu verzeichnen, nämlich Körting & Mathiesen A.-G., Leutzsch bei Leipzig. Aus einer bereits seit längeren Jahren bestehenden Privatfirma im Jahre 1901 hervorgegangen, besitzt diese Gesellschaft ein Aktienkapital von 2 050 000 Mark; die Aktien befinden sich sämtlich im Familienbesitz. Ihrer hervorragenden technischen Leistungsfähigkeit und wirtschaftlichen Sonderstellung entsprechend konnte die Firma stets hohe Dividenden — zuletzt 20 % — zur Verteilung bringen. Die Firma Körting & Mathiesen hat dank ihrer überragenden Stellung und der abnehmenden Zahl der Wettbewerber ihre Produktion trotz des allgemeinen Rückganges der Bogenlampenindustrie im letzten Jahre noch erhöhen können, aber trotzdem hat die Firma, den veränderten Zeitverhältnissen Rechnung tragend, die Herstellung anderer Artikel, z. B. von Elektrizitätszählern, aufgenommen. Ferner wurde unter ihrer finanziellen Mitwirkung ein Unternehmen für die Fabrikation von Metallfadenlampen, die Omegawerke, begründet. Wir sehen also hier das Bestreben der Spezialindustrie durch Angliederung anderer Fabrikationszweige entstandene Absatzverluste auszugleichen und zukünftigen vorzubeugen.

Eine neue, sehr ökonomische Lichtquelle, die Quecksilberdampflampe, ist noch zu wenig verbreitet, als dass ein abschliessendes Urteil darüber abgegeben werden könnte. Als ein Nachteil dieser Lampenart muss die eigentümliche, grünlich-fahle Farbe bezeichnet werden, die eine allgemeine Verwendung bisher ausschliesst; diesem Nachteil steht aber ihr ausserordentlich geringer spezifischer Wattverbrauch von 0,25 und ihre hohe Lebensdauer von 6—7000 Stunden entgegen, was zu weiteren Verbesserungen dieser Lampe anregt, sodass die Quecksilberdampflampe vielleicht in Zukunft einmal eine grössere Rolle spielen wird. Die Lampe wird u. a. von Körting & Mathiesen und der Quarzlampen-Gesellschaft m. b. H., Hanau, fabriziert.

5. Glühlampen.

Die Erfindung der Glühlampen, und zwar der Kohlenfadenlampen, leitete gegen Ende der 70er Jahren das Zeitalter der Starkstromtechnik ein und war die Veranlassung zur Errichtung der öffentlichen Lichtzentralen. Die Leistung der Dynamomaschinen wurde damals nicht in Kilowatt, sondern in der Anzahl 16 kerziger Glühlampen von 65 Volt Spannung beziffert, die von der Maschine gespeist werden konnten. Etwa 25 Jahre lang schien es, als ob eine Fortentwicklung der Glühlampen hinsichtlich Oekonomie und erhöhter Lichtintensität nicht möglich sei; der Erfindungsgeist beschäftigte sich in diesem langen Zeitraum mit allen anderen Problemen, nur nicht mit der Glühlampe.

Als nach der Jahrhundertkrise eine neue Orientierung der elektrischen Industrie eintrat, als sich die Kräfte zu neuem Ringen zu sammeln begannen, und alle Anzeichen darauf hindeuteten, dass die Elektrotechnik berufen schien, dem zwanzigsten Jahrhundert den Stempel aufzudrücken, da regte sich plötzlich auch die Glühlampenindustrie zur Schaffung neuer Lichtquellen verbesserter Oekonomie und erhöhter Lichtstärke.

Die Entwicklung der Glühlampentechnik in den Jahren 1900 bis 1913 ist geradezu staunenerregend und beispiellos. Es schien, als ob die Erfinderenergie in den vorhergehenden 25 Jahren der Stagnation gleichsam aufgespeichert worden sei, um sich jetzt mit einem Mal zu entladen.

Den ersten Fortschritt bezeichnete die von der A. E. G. im Jahre 1897 auf den Markt gebrachte Nernstlampe, welche die Eigenschaft gewisser seltener Erden, der sog. Leiter zweiter Klasse, benutzt, im erwärmten Zustand aus Nichtleitern zu guten Stromleitern zu werden und dabei in weissglühenden, ein starkes Licht ausstrahlenden Zustand zu geraten; die erforderliche Vorerhitzung wurde mit Hülfe eines sinnreichen Mechanismus bewirkt. Trotz ihrer erheblichen Vorzüge hinsichtlich Oekonomie (ca. 1,8—2 Watt für die Kerze) und Lichtintensität vermochte sich aber die gegen Spannungsschwankungen und mechanische Erschütterungen äusserst empfindliche Nernstlampe nicht mehr zu halten, als in gewissen schwer schmelzbaren Metallen, Osmium, Tantal, Zirkon und Wolfram geeignetere Lichtträger gefunden wurden. Durch Verwendung der aus diesen Metallen hergestellten Leuchtfäden sank der spezifische Verbrauch wiederum erheblich von 2 bis schliesslich auf 1 und 0,5 Watt für die Kerze, und die Intensität stieg von 16 und 32 bis auf 3000 Kerzen. Produktion und Konsum vervielfältigten sich infolge dieser Fortschritte in geometrischer, schwindelerregender Proportion.

Zuerst erschien die Deutsche Gasglühlicht- (Auer-) Gesellschaft im Jahre 1900 mit der niedervoltigen Osmiumlampe von ca. 1,5 Watt spez. Verbrauch, sodann 1904 S. & H. mit der Tantallampe von 1,6 Watt Verbrauch. Schlag auf Schlag folgten sich jetzt die Verbesserungen.

Die Oekonomie erreichte bald 1 Watt für die Kerze, und es gelang die Herstellung von Lampen für beliebige Spannungen bis 250 Volt und bis zu 1000 Kerzenstärken. Im Wolframmetall fand man schliesslich das geeignetste Material für die Herstellung der Glühlampen, und alle Fabrikate, einerlei welchen Namens, besitzen heute als Lichtträger metallisches Wolfram.

Eine weitere bedeutsame Verbesserung wurde vor einigen Jahren durch ein aus Nordamerika stammendes Ziehverfahren des Wolframmetalls erzielt, während man früher nur auf Umwegen aus einer Paste gespritzte Fäden hatte herstellen können; die neue Fabrikationsmethode des gezogenen Fadens verminderte die Herstellungskosten beträchtlich.

Der letzte Fortschritt ist noch ganz jungen Datums; durch Füllen des Glasballons mit indifferenten Gasen, z. B. mit Stickstoff, kann man die spezifische Belastung des Wolframdrahtes bis zur Weissglut und etwa 2600 ^{0} C. treiben, ohne dass die Lebensdauer der Lampe herabgesetzt wird, weil die Stickstofffüllung die Verdampfung des Wolframs verhindert. Bekanntlich sinkt aber der Wattverbrauch bei höherer Beanspruchung des Glühfadens ganz beträchtlich, und es gelang die Herstellung hochkerziger Lampen von 600 bis 3000 Kerzen mit nur 0,5 Watt spez. Verbrauch; anscheinend bedeutet dies aber weder hinsichtlich des Verbrauchs noch der Intensität die Grenze. Vorläufig werden allerdings Lampen unter 400 Kerzen noch nicht unter 0,8—1 Watt spez. Verbrauch hergestellt, aber schon kündigen die Fabriken an, dass die Bemühungen, auch niederkerzigere Lampen mit 0,5 Watt herzustellen, wahrscheinlich in absehbarer Zeit von Erfolg gekrönt sein werden.[*]

Eine besondere Betrachtung müssen wir an dieser Stelle dem Kampf der hochkerzigen Metallfadenlampe von 100 Kerzen aufwärts gegen die Bogenlampe widmen. Die hochkerzige Metallfadenlampe hat mit bleibendem Erfolg weite Gebiete besetzt, die früher zur unbestrittenen Domäne der Bogenlampe gehörten. Zunächst waren es die in dem Jahrzehnt 1895—1905 sehr beliebten kleinen Bogenlampen von 200 bis 1000 Kerzen, die das Feld räumen mussten. Aber auch die grossen Bogenlampen von mehreren tausend Kerzen sind vielfach mit Erfolg vom Glühlicht ersetzt worden, dessen leichte Teilbarkeit die Erreichung derselben Helligkeit, aber bei günstigerer Anordnung gestattet. Handelt es sich um Konzentration einer grossen Lichtmenge auf einen Punkt, so können mehrere hochkerzige Lampen in einer Beleuchtungsarmatur ver-

---

[*] Während der Drucklegung — September 1914 — sind Halbwattlampen bis zu 200 Kerzen und 220 Volt, ja sogar solche von 100 Kerzen und 110 Volt auf dem Markte erschienen.

einigt werden; die 3000kerzige Halbwattlampe ermöglicht nahezu dieselben Wirkungen, auch in Bezug auf Farbe des Lichtes, wie die Bogenlampe.

Es wird nun seit einigen Jahren ein lebhafter Kampf zwischen Glühlampe und Bogenlampe geführt, welcher von beiden Lichtquellen als Starklicht der Vorzug gebührt, und der Kampf dauert gegenwärtig noch mit unverminderter Heftigkeit an. Dabei weist die Bogenlampenindustrie immer wieder auf die bedeutend niedrigeren Betriebskosten der Bogenlampe hin, die auch von der neuen Halbwattlampe noch lange nicht erreicht werden, und trotzdem erobert sich die Glühlampe von Tag zu Tag neue Gebiete und drängt die Bogenlampe immer mehr zurück. Durch den rechnungsmässigen Nachweis der wirtschaftlichen Ueberlegenheit der Bogenlampe wird also offenbar das Vordringen der Glühlampe nicht aufgehalten, und wenn trotz der besseren Oekonomie die Bogenlampe an Terrain verliert, so müssen dafür besondere Gründe massgebend sein.

Diese Gründe liegen weniger auf wirtschaftlichem als auf technischem Gebiet, und ausserdem sind gewisse Imponderabilien dabei mitwirkend, die sich nicht in Geldwert ausdrücken lassen. Der Fortfall der häufigen Bedienung, — die Lebensdauer der Glühlampen beträgt heute weit über 1000 Stunden, während auch bei den modernsten Bogenlampen die Auswechslung der Kohlenstifte und die Reinigung der Lampen nach 40 bis 50 Brennstunden zu erfolgen hat — die angenehme und milde Farbe des Lichtes, seine Ruhe, die Möglichkeit durch schön stilisierte Beleuchtungskörper und Armaturen vorteilhafte Wirkungen zu erzielen, die günstige Verteilung einer Anzahl von hochkerzigen Lampen in einem grossen Raum, alles dies hat zu dem schnellen Vordringen der hochkerzigen Glühlampe beigetragen. Den Betriebskosten der verschiedenen Beleuchtungsquellen wird von den Verbrauchern im allgemeinen eine weit geringere Bedeutung beigemessen, als man gewöhnlich annimmt. Der Ladeninhaber, der Restaurateur, der Saal- und Theaterbesitzer, sie wollen ihre Räume wirkungsvoll und vornehm beleuchten, die Betriebskosten kommen erst in zweiter Linie in Frage; dass diese Forderungen durch das moderne Glühlicht besser erfüllt werden als durch das Bogenlicht, wird durch die von Tag zu Tag zunehmende Ausbreitung der Metallfadenlampen mehr als durch alle Argumente bewiesen. Dem Bogenlicht dürfte in Zukunft mehr das Gebiet des Starklichtes von 3000 bis 10 000 Kerzen zufallen, und die jüngsten Bestrebungen der Bogenlampentechnik sind auch in erster Linie auf die Schaffung solcher Starklichtquellen gerichtet.

Nach dieser kurz gedrängten allgemeinen Uebersicht wenden wir uns den speziellen Fragen zu und beginnen mit der Industrie der Kohlen-

fadenlampen. Nach den vorangegangenen Ausführungen kann es keinem
Zweifel unterliegen, dass wir es hier mit einer absterbenden Industrie
zu tun haben. Immerhin spielt sie mit einer Jahreserzeugung von etwa
21 Millionen und einem Inlandverbrauch von 9,3 Millionen Stück im
Steuerjahr 1912 zunächst noch eine gewisse Rolle. Aus einem Luxusgegen-
stand, der Anfang der 80er Jahre noch 5 Mark kostete und als Wunder-
werk der Technik angestaunt wurde, sank die Kohlenfadenlampe mit der
zunehmenden Ausbreitung des elektrischen Lichtes und der Vermehrung
der Produktionsstätten zu einem nur noch bescheidenen Gewinn abwerfenden vulgären Artikel herab. Um das Jahr 1900 waren in der deutschen
Glühlampenindustrie etwa 15—20 grössere Fabriken tätig, darunter die
Grossfirmen A. E. G. und S. & H. Infolge des zunehmenden scharfen
Wettbewerbs und der Uebererzeugung war der Händlerpreis allmählich
bis auf 23 Pfennig gesunken. Die Gleichförmigkeit und die Massenerzeugung des Artikels legten den Gedanken des Zusammenschlusses zur
Regelung der Produktion und Erzielung angemessener Verkaufspreise
nahe. Aber erst im Jahre 1903 schlossen sich nach langen Verhandlungen
11 der bedeutendsten Glühlampenfabriken Deutschlands, Oesterreich-
Ungarns, Hollands, Italiens und der Schweiz unter Kontingentierung
ihrer Produktion zur Verkaufsstelle Vereinigter Glüh-
lampen-Fabriken G. m. b. H. in Berlin zusammen; die beiden
Grossfirmen waren Mitbegründer der Vereinigung. Die Ausdehnung des
Syndikates auf die Hauptproduktionsländer elektrischer Glühlampen
war unerlässlich, da sonst infolge des geringen Zollschutzes die ausländischen Fabriken in das deutsche Konsumgebiet eingedrungen wären,
und für den entstandenen Ausfall hätten sich andererseits die deutschen
Fabriken durch Abstossung ihres Ueberschusses zu billigen Preisen an das
Ausland schadlos gehalten, wodurch natürlich nichts gewonnen worden
wäre.

Das Kapital der Verkaufsvereinigung betrug 1 Million Mark und
wurde von den Mitgliedern im Verhältnis ihres Kontigentes aufgebracht.
Die jährliche Gesamtproduktion der Mitglieder von damals 27,5 Millionen
Stück wurde durch die Vereinigung abgesetzt und der eigene Verkauf
der Fabriken eingestellt. Die Bruttopreise wurden auf einen vernünftigen
Satz heraufgesetzt, das Rabattwesen für Wiederverkäufer nach bestimmten Gesichtspunkten geregelt und die Mindestpreise für den Wiederverkauf festgelegt.

Eine wichtige Forderung bei einem solchen Verkaufssyndikat,
die absolut gleichartige Behandlung der von den Verbandsmitgliedern
gelieferten Waren, liess sich schon von Anfang an nicht durchführen.

Die Grossfirmen wussten es durchzusetzen, dass die zu ihrem Konzern gehörigen Elektrizitätswerke und Strassenbahnen ausschliesslich aus ihren Glühlampenwerken versorgt wurden. Auch den Sonderwünschen von solchen Abnehmern, welche Glühlampen bestimmter Herkunft zu erhalten wünschten, wurde in weitgehendster Weise Rechnung getragen. Die Unterordnung der Einzelpersönlichkeit des Herstellers unter das Ganze und sein absolutes Aufgehen im Ganzen, wie uns dies z. B. bei den verschiedenen Braunkohlenbrikett-Verkaufssyndikaten entgegentritt, war beim Glühlampensyndikat wegen der Ungleichartigkeit der Mitglieder nicht möglich und wurde auch nie erstrebt.

Dazu kam die wachsende Konkurrenz von Aussenseitern im In- und Auslande, die den Verkaufsverein sehr häufig dazu zwang, mit Kampfpreisen vorzugehen, ohne aber dadurch den Wettbewerb wirksam niederringen zu können, und die ausserhalb des Syndikates stehenden Glühlampenfabriken konnten in manchen Fällen nur durch verlustbringende Preise aus dem Felde geschlagen werden. Ferner liessen sich die Konsumentenpreise des Syndikates bei Lieferung an Grossabnehmer niemals durchsetzen. Die Einkaufsvereinigung der Elektro-Installateure, die Elektrizitätswerke und Strassenbahnen mit ihrem bedeutenden Glühlampenbedarf nutzten ebenfalls die Situation aus, um zu äusserst billigen Preisen einzukaufen. Später erwuchs dem Syndikat in dem grossen Glühlampenwerk von Bergmann ein gefährlicher Gegner. Durch Aufnahme von Bergmann in das Syndikat konnte diese Gefahr aber abgewendet werden.

Waren somit die Existenzbedingungen des Glühlampensyndikates schon an und für sich nicht sonderlich günstig, so wurden sie in der Folgezeit völlig untergraben durch die neu auftauchende Metallfadenlampe und die Leuchtmittelsteuer. Dass hinsichtlich der Brennökonomie und der Erreichung hoher Kerzenstärken die Kohlenfadenlampe mit der Metallfadenlampe nicht konkurrieren kann, ist bereits oben ausgeführt worden. Angesichts des zunächst noch 5—6 mal höheren Preises der Metallfadenlampe und ihrer grossen Empfindlichkeit gegen Stösse vermochte sich aber die Kohlenfadenlampe, besonders in rauhen industriellen Betrieben, zunächst noch zu behaupten, während sie in Wohnungen, Läden, Hotels u. s. w. schon vom Jahre 1907 an das Feld der Metallfadenlampe räumen musste.

Geradezu vernichtend auf den Verbrauch an Kohlenfadenlampen wirkte aber die am 1. Oktober 1909 in Kraft getretene Leuchtmittelsteuer. Die Händlerpreise waren damals schon gegen 1903 um 35—40 % gesunken und betrugen je nach der Spannung 32—48 Pfennig für das Stück.

Die Leuchtmittelsteuer belastet die in erster Linie in Betracht kommenden 16—32 kerzigen Kohlenfadenlampen mit einer Abgabe von 20—30 Pfennig, also mit 40 bis nahezu 100 % des Händlerpreises. Der bereits durch die Metallfadenlampe eingeleitete Verdrängungsprozess wurde durch diese, den Charakter einer Erdrosselungssteuer tragende Abgabe vollendet. Gewiss war das natürliche Ende der Kohlenfadenlampe schon vor dem Inkrafttreten der Leuchtmittelsteuer vorauszusehen, aber die Einführung der Steuer bedeutete einen schweren Eingriff in eine damals jedenfalls noch blühende Industrie und in den natürlichen Verlauf der Dinge. Der Gesetzgeber hat allerdings diese schlimmen Folgen der Steuer weder beabsichtigt noch vorausgesehen. Er trägt aber insofern Schuld an der heutigen Lage, als das Gesetz im Interesse der schleunigen Verabschiedung der grossen Finanzreformgesetzgebung Hals über Kopf in Kraft gesetzt wurde, ohne dass man es für nötig gehalten hatte sich durch gutachtliche Aeusserungen der beteiligten Kreise vorher über die voraussichtlichen Wirkungen der Steuer zu unterrichten. In letzter Stunde beschloss der Reichstag der natürlichen Vorzugsstellung der Metallfadenlampe durch ihre doppelte spezifische Steuerbelastung entgegenzuwirken, es war dies aber nur ein Schlag ins Wasser und nutzte der Kohlenfadenlampenindustrie nichts, weil die Metallfadenlampe damals noch sehr hoch im Preise stand, und deshalb ihre höhere Steuerbelastung wenig ins Gewicht fiel.

Bei natürlichem Verlauf der Dinge hätten die in der Industrie der Kohlenfadenlampen investierten bedeutenden Kapitalien noch auf Jahre hinaus ihre Rente gefunden. Man hätte sich in Ruhe mit der Tatsache der allmählichen Verdrängung der Kohlenfadenlampe durch die Metallfadenlampe abfinden und ohne grössere Verluste und Entwertungen Ersatz in der Fabrikation anderer Gegenstände finden können. Die Folge des gesetzlichen Eingriffes war aber ein rapider Rückgang der Kohlenfadenlampe auf der ganzen Linie: Konsumrückgang, dadurch wieder weiterer Preisrückgang, bis schliesslich derselbe Tiefstand wie vor Zustandekommen des Verbandes erreicht war. Heute liegt die Industrie der Kohlenfadenlampen in den letzten Zügen, und die Preise sind derart gesunken, dass das Kuriosum zu verzeichnen ist, dass die Steuer 100—150 % des Wertes des Steuerobjektes beträgt.

Nur die von der Metallfadenlampe trotz aller Verbesserungen noch nicht erreichte hohe Stabilität und der trotz der enormen Steuerbelastung noch immer niedrigere Preis sichern der Kohlenfadenlampe für die nächste Zeit noch ein gewisses Absatzfeld, besonders in Industriekreisen, die wegen des überwiegenden Kraftbetriebs den hohen Wattverbrauch nicht empfinden, desto mehr aber ihre grössere Stabilität schätzen.

Das Glühlampensyndikat hat zwar auf dem Papier erst April 1914 sein Ende gefunden. Seine Nichtverlängerung stand aber schon vor 2 Jahren fest, und die meisten seiner Mitglieder, vor allem die Gross-firmen, die ihre Kräfte schon längst auf die Metallfadenlampe konzentriert haben, zeigen für die absterbende Kohlenfadenlampe kein Interesse mehr.

Der Vollständigkeit halber seien einige der leistungsfähigsten Spezialfabriken für Kohlenfadenlampen aufgeführt:

Radium Elektrizitäts - Gesellschaft m. b. H., Wipperfürth, E. A. Krüger & Friedeberg, Berlin, Fleischhacker Lampen-Compagnie, Dresden.

Die meisten dieser und anderer Kohlenfadenlampenwerke haben aber schon längst als Hauptzweig die Herstellung von Metallfadenlampen aufgenommen. Im Jahre 1913 ist gegen 1912 wiederum ein bedeutender Rückgang in der Kohlenfadenlampenproduktion zu verzeichnen; nur noch wenige Jahre, und die alte Kohlenfadenlampe, die mit der Entwicklung der Elektrotechnik so innig verknüpft ist, wird der Geschichte angehören.

Seit Einführung der Leuchtmittelsteuer besitzen wir eine genaue Produktionsstatistik der steuerpflichtigen Objekte, da die Hersteller verpflichtet sind der Steuerbehörde sowohl ihre Gesamterzeugung als den steuerpflichtigen Inlandabsatz anzugeben. Die folgende Tabelle enthält die die Kohlenfadenlampen betreffenden statistischen Daten.

Rechnungsjahr	Hergestellte Mengen Stück	Inland-verbrauch	Prozentualer Anteil	Ausfuhr	Prozentualer Anteil
1909 (2. Halbjahr)	13 994 323	4 874 600	36,7 %	8 397 756	63,3 %
1910	25 871 265	9 709 899	38,7 %	15 349 811	61,3 %
1911	24 791 196	11 544 387	46,4 %	13 343 286	53,6 %
1912	20 975 348	9 259 710	47,5 %	10 216 869	52,5 %

Die Tabelle zeigt zunächst den Rückgang der Gesamterzeugung und zwar in 1911 gegen 1910 um 4,2 %, in 1912 gegen 1911 um 15,4 %. Noch stärker ist die Ausfuhr gefallen, nämlich in 1911 gegenüber 1910 um 13,1 % in 1912 gegen 1911 um 23,4 %, ein Beweis, dass die Hauptausfuhrländer, insbesondere die für die Elektrotechnik neu erschlossenen Gebiete, in sehr starkem Masse zur Metallfadenlampe übergegangen sind oder gar die Kohlenfadenlampe ganz übersprungen haben. Aber erst in Verbindung mit den weiter unten folgenden analogen statistischen Daten für die Metallfadenlampen erhalten diese Ziffern ihre volle Bedeutung, und der Vergleich mit der Metallfadenlampe zeigt den heutigen geringen Anteil der Kohlenfadenlampen an der Gesamterzeugung elektrischer Glühlampen.

Mit dem Niedergang der Kohlenfadenlampe fällt zeitlich zusammen der beispiellos schnelle Aufstieg der Metallfadenlampe, begünstigt durch die ebenfalls in diese Epoche fallende Ueberlandzentralenbewegung, die eine Popularisierung der elektrischen Beleuchtung einleitete. Noch stehen wir in Deutschland mitten in dieser Entwicklung. Von Monat zu Monat werden neue Landesteile von der Elektrizität mit Beschlag belegt, und die Metallfadenlampe von 5 bis zu 3000 Kerzenstärken halten allerorten, auch in den entlegensten Gegenden, ihren siegreichen Einzug, die anderen Beleuchtungsarten immer mehr verdrängend. Kein Wunder, dass eine solch stürmische Aufwärtsbewegung, noch dazu zusammengedrängt auf wenige Jahre, den Keim der Ueberproduktion, die Gefahr der überstürzten Gründung von technisch und finanziell ungenügend fundierten Fabrikationsstätten mit all den Begleiterscheinungen des heftigen Wettbewerbs, der gedrückten Preise und Zusammenbrüche in sich trug.

Unter den Spezialfabriken von Metallfadenlampen nimmt die bereits erwähnte D e u t s c h e G a s g l ü h l i c h t - (A u e r -) G e s e l l s c h a f t , B e r l i n , eine Ausnahmestellung ein; in Bezug auf Kapitalmacht und Produktionsumfang, Ansehen, Ruf und Verbreitung ihrer Erzeugnisse steht diese mächtige Firma nicht allein in Deutschland, sondern in der ganzen Welt unerreicht da. Wie der Name des Unternehmens schon aussagt, ist es hervorgegangen aus der Gasglühlichtbranche. Derselbe Auer, nach dessen Patenten die Deutsche Gasglühlichtgesellschaft Glühstrümpfe herstellt, erfand Anfang dieses Jahrhunderts die erste brauchbare Metallfadenlampe, die niedervoltige Osmium-Lampe, das Ausgangsprodukt für die heutige Wolframlampe. Aus der ersten Silbe des Wortes „Osmium" und der zweiten des Wortes „Wolfram" entstand der weltbekannte Name „Osram"; in wenigen Jahren eroberte sich die Osramlampe der Auergesellschaft in beispiellosem Siegeszuge die ganze Welt.

Nicht allein, dass die Auergesellschaft infolge der zeitlich am frühesten erfolgten Aufnahme der Fabrikation einen bedeutenden Vorsprung vor den später auf dem Plane erscheinenden Konkurrenten hatte, sie hat auch bei Entwicklung ihrer Fabrikationsverfahren stets eine glückliche Hand gehabt und nur erprobte, einwandfreie Lampen auf den Markt gebracht, wohl wissend, dass bei solchen von den breitesten Schichten der Bevölkerung konsumierten Massenartikeln die gleichbleibende Güte unerlässliche Voraussetzung ist für Erhaltung der Vormachtstellung. Obwohl sich in der Gegenwart die früheren Qualitätsunterschiede zwischen den einzelnen Fabrikaten einigermassen verwischt haben, ist der Name „Osram" Trumpf geblieben; die Meinung, dass die Osramlampe allen anderen Wolframlampen an Güte und Lebensdauer überlegen sei, geht so weit, dass für viele Abnehmer die Osramlampe d i e Metallfadenlampe ist, und sie können sich garnicht denken, dass es überhaupt Fabrikate anderer Herkunft gibt. Die Installateure und Händler haben naturgemäss kein Interesse dieser ausgesprochenen Vorliebe entgegenzutreten; auch sie arbeiten im Interesse der Auergesellschaft, und so kommt es, dass die Osramlampe, unterstützt von einer früher in der Elektro-Industrie unbekannten Reklameentfaltung, bis in die kleinsten Dörfer eingedrungen ist. Selbst die beiden Grossfirmen mit ihrer vorzüglichen Verkaufsorganisation haben nicht vermocht die Hegemonie der Osramlampe merklich zu erschüttern.

Die Auergesellschaft arbeitet heute mit einem Aktienkapital von 23,1 Millionen Mark. (13,2 Millionen Vorzugs-, 9,9 Millionen Mark Stammaktien.) Soweit eine Schätzung überhaupt möglich ist, kann man annehmen, dass von diesem Kapital etwa $^3/_5$ für die Herstellung der Osramlampe dient. Jedenfalls drückt diese Lampe der Auergesellschaft heute den Stempel auf und ermöglicht ihr die Ausschüttung von Dividenden, die vor der Aufnahme der Osramlampe nicht gezahlt worden sind.

Die Deutsche Gasglühlicht-Gesellschaft besitzt Tochterfabriken in Paris und London, die in Frankreich und England eine ähnliche führende Stellung einnehmen, wie das Stammhaus in Deutschland.

Rationelle Massenfabrikation grössten Stils, (Jahresproduktion im Jahre 1912 schätzungsweise 24 Millionen Stück, bei 76 Millionen Stück Gesamtherstellung in Deutschland) weitgehendste Arbeitsteilung bei Verwendung modernster, zum Teil im eigenen Betrieb konstruierter Maschinen, und rastlose, den technischen und betriebsökonomischen Fortschritten gewidmete Forscherarbeit in modern eingerichteten chemischen, physikalischen und photometrischen Laboratorien, kennzeichnen die Arbeitsweise der Auergesellschaft und ermöglichen ihr die Erzielung niedriger Gestehungspreise, während andererseits infolge der starken Nachfrage die Verkaufspreise höhere sind als die mancher Konkurrenzfabrikate. Diese überaus günstigen Produktions- und Absatzverhältnisse spiegeln sich in der Höhe der Dividende wieder, nämlich 1906: 22 %, 1907: 35 %, 1908/09/10: 50 %. In weitblickender Weise wendet sich die Auergesellschaft aber neuerdings von dieser Dividendenpolitik ab und bekennt sich zu dem bewährten Stetigkeitsprinzip der A. E. G. in guten Jahren einen Teil des Gewinnes zu Rückstellungen zu benutzen, um in kommenden schlechteren Jahren die Mindergewinne aufzufüllen. Auch befürchtet man nicht mit Unrecht, dass die ausserordentliche Höhe der Dividende immer wieder zu neuen Gründungen von Lampenfabriken anregt, trotz der vielen Fehlschläge auf diesem Gebiete. Im Jahre 1911 wurde die Dividende auf 25 % ermässigt und für den Gewinnausfall 3,3 Millionen Gratisaktien ausgegeben, wodurch die Stammaktien von 6,6 Millionen Mark auf ihre heutige Höhe von 9,9 Millionen Mark gebracht wurden; während 50 % Dividende auf 6,6 Millionen Mark einen Gewinn von 3,3 Millionen Mark ergibt, erfordern 25 % Dividende auf 9,9 Millionen Mark nur 2,475 Millionen Mark, sodass die beabsichtigte Thesaurierungspolitik eingeleitet ist.

Der letzte Geschäftsbericht von Auer spricht es übrigens offen aus, dass die wirtschaftliche Vormachtstellung der Gesellschaft nicht mehr so unbestritten ist wie früher, und dass deshalb eine vorsichtige Dividendenpolitik für die Zukunft unerlässlich ist, um für kommende Zeiten gerüstet zu sein und die führende Stellung aufrecht zu halten.

Um einen Begriff von den Produktionsverhältnissen der Auergesellschaft zu erhalten, seien folgende Zahlen aus dem Geschäftsbericht für das Jahr 1912/13 angeführt:

Bruttogewinn .... 14 381 502 Mark
Steuern und Abgaben .... 708 222 ,,
Abschreibungen .... 505 778 ,,
Dividende: 25 % auf 9,9 Millionen Stammaktien
        5 % auf 13,0 Millionen Vorzugsaktien
Vortrag .... 677 160 ,,

Die Aueraktien notieren etwa 550.

Die Jahre 1906 bis 1911 waren tolle Gründerjahre für die Metallfadenlampen-Industrie. Es war im kleinen eine Wiederholung der Gründerperiode der 70er Jahre. Von der neuen Lampe, die der Beleuchtung neue, vielversprechende Gebiete erschloss, versprach man sich goldene Berge. Die blendenden Erfolge von Auer und die einsetzende Aera der Ueberlandzentralen taten ein übriges zur Anregung der Unternehmungslust. Ein Heer von Erfindern warf sich auf die Metallfadenlampe, eine Flut von patentierten Lampen, zum Teil recht zweifelhafter Natur, ergoss sich über den Markt, und massenhaft schossen neue Fabriken aus dem Boden. Bald war der Markt mit Wolframlampen minderwertiger Qualität, die unter den hochtrabendsten Bezeichnungen auftraten, dermassen überschwemmt, dass starke Preisstürze und Zusammenbrüche die Folge waren. So ist von 1906 bis 1913 der Listenpreis der 110 voltigen 16—50 kerzigen Lampe von 3 Mark auf 1,10 Mark, derjenige der 220 voltigen von 5 Mark auf 1,75 Mark gesunken; die Ermässigungen sind nur zum Teil auf das Konto der verbilligten Produktionskosten zu setzen. Jedes Jahr im Januar oder Februar geht eine der grossen Firmen, meistens die A. E. G., mit einer plötzlichen Preisreduktion vor und versetzt den gänzlich unvorbereiteten Markt in die heftigsten Erschütterungen. In diesem Jahr ist der Wiederverkaufspreis der normalen Niedervoltlampe bis auf 55 Pfennig, der der Hochvoltlampe auf 85 Pfennig herabgesetzt worden, und es erscheint ausgeschlossen, dass der erhöhte Konsum diesen Ausfall wettmachen kann. Gleichzeitig hat sich ein völlig anarchisches Rabattunwesen entwickelt. Ursprünglich wurde seitens der führenden Fabriken das Prinzip hochgehalten, Rabatte nur an Wiederverkäufer zu gewähren und sich der direkten Angebote an die Verbraucher zu enthalten, wie dies in der Beleuchtungsbranche allgemein üblich ist. Die neu aufgekommene kleine Konkurrenz vermochte sich aber mit der Hochhaltung solcher Grundsätze nicht durchzusetzen. Unter Umgehung der Händler trat sie unter Gewährung hoher Rabatte direkt an die Verbraucher heran, und bald sahen sich auch die grösseren Metallfadenlampenfabriken genötigt, in gleicher Weise vorzugehen, zumal die als Grossproduzenten für Metallfadenlampen auftretenden Elektro-Grossfirmen prinzipiell keinerlei Rücksicht auf die Händlerkundschaft nehmen. So sehen wir denn heute den Markt der Metallfadenlampe in der trostlosesten Verfassung. Von Auer abgesehen, dürfte wohl z. Z. keine Spezialfabrik einen nennenswerten Gewinn abwerfen. Von den beiden in der Form der Aktiengesellschaft betriebenen Spezialfabriken hat die Wolframlampen-Aktiengesellschaft in Augsburg wohl ihr Kapital schon mehrere Male zusammengelegt, aber noch niemals eine Dividende ausgeschüttet, und die Deutsche Glühlampen-Fabrik Aktiengesellschaft, Plauen, ist unlängst nach kaum zweijährigem Bestehen in Konkurs geraten. Bei der Julius Pintsch Aktiengesellschaft, Berlin, bildet die Lampenfabrikation einen für die Gesamtproduktion nicht ausschlaggebenden Zweig; der Geschäftsbericht betont aber das ungünstige Ergebnis der Lampenabteilung. Die anderen Spezialfabriken werden in der Form von G. m. b. H. oder als Privatfirmen betrieben; ihre Ergebnisse entziehen sich daher der Beurteilung, glänzend können sie aber bei den immer schlechter werdenden Marktverhältnissen unter keinen Umständen sein.

Es würde ungerecht sein, wollte man nicht die technischen Leistungen einiger weiteren Betriebe der Metallfadenlampenindustrie, der Wolframlampen Aktiengesellschaft, Augsburg, (Aktienkapital 1,06 Millionen Mark) der Omega Werke G.m.b.H., Leutzsch b. Leipzig, der Radium Elektrizitäts-Gesellschaft m. b. H. Wipperfürth und der Julius Pintsch Aktiengesellschaft, Berlin gebührend anerkennen, zumal diese Werke sich trotz schwerer Zeiten behauptet haben und auch anscheinend an den wenig rosigen Zukunftsaussichten nicht verzweifeln. Man bedenke ferner, dass die Gesamtzahl der von diesen und einigen weiteren Spezialfabriken jährlich hergestellten Lampen insgesamt nicht mehr als 12—14 Millionen Stück*) betragen, die Gestehungskosten daher unbedingt höher sein müssen als bei Auer und den Elektro-Grossfirmen; denn mit wachsender Produktion vermindern sich die Fabrikationskosten erheblich, rationelle Massenherstellung ist für die Rentabilität ausschlaggebend. Auch die Tatsache, dass Auer und die beiden Grossfirmen mit Bergmann das ausschliessliche Recht der Fabrikation nach den amerikanischen Drahtlampenpatenten haben, während die meisten übrigen Spezialfirmen noch nach den alten Verfahren fabrizieren, wirkt ungünstig auf die Produktionsbedingungen der letzteren ein. In welch scharfer Weise übrigens der Drahtlampenkonzern vorgeht, haben in letzter Zeit einige Patentprozesse gezeigt, die Auer mit Erfolg gegen kleinere Spezialfabriken geführt hat.

Wie es im Charakter eines Massenkonsumartikels mit grossem Wettbewerb liegt, erfordert der Absatz der Metallfadenlampe einen ungeheuren Aufwand an Reklame aller Art in Fach- und Tageszeitungen, durch Broschüren, Kalender und alle möglichen Geschenkartikel, alles in allem ein Unkostenapparat, der zu den übrigen Bilanzzahlen in einem höchst ungesunden Verhältnis steht und bei den meisten Betrieben den letzten Rest des mageren Gewinnes aufzehrt.

Die Leuchtmittelsteuer belastete in der ersten Zeit ihres Bestehens die Metallfadenlampe nur wenig. Da sie für die in der Hauptsache in Betracht kommende 32—50 kerzige Lampe 40 Pfennig für das Stück beträgt, machte dies auf den Verkaufspreis des Jahres 1909 (3 Mark für die 110 voltige und 5 Mark für die 220 voltige Type) nur 8—13 % des

---

*) Der Anteil von Auer mit 24 Millionen, derjenige der beiden Grossfirmen einschliesslich Bergmann mit 38 Millionen Stück geschätzt.

Wertes aus; die prozentual höhere Belastung der Kohlenfadenlampe kam im Gegenteil dem Absatz der Metallfadenlampe noch zu gute. Heute, bei wesentlich verschlechterten Absatzverhältnissen und bedeutend gesunkenen Preisen, erweist sich die Steuer in mehrfacher Hinsicht als eine schwere Belastung. Man erhält heute gute Metallfadenlampen bis zu 50 Kerzen im Kleinverkauf einschl. Leuchtmittelsteuer für Mark 1,40 bis Mark 1,60; die Steuerbelastung beträgt also heute schon 35—40 %, und bei der fallenden Tendenz der Preise ist sicherlich der Zeitpunkt nicht mehr fern, in welchem die Belastung wie heute bereits bei der Kohlenfadenlampe 80—100 % erreicht.

Die ohnehin schon schwer um ihre Existenz ringenden mittleren und kleineren Lampenfabriken sind durch die Leuchtmittelsteuer gegenüber den kapitalkräftigen Grossproduzenten besonders benachteiligt. Diese sind durchweg im Genusse der sechsmonatlichen Steuerstundung und können deshalb ihren Kunden günstigere Zahlungsbedingungen gewähren als die Kleinbetriebe, welche häufig nicht in der Lage sind, die geforderte Sicherheit aufzubringen, und denen daher die Steuer entweder garnicht oder nur auf drei Monate gestundet wird. Durch Pflege des Exportgeschäfts auf Kosten des Inlandabsatzes könnten allerdings diese Schwierigkeiten leichter ertragen werden, aber es sind gerade wieder die Grossproduzenten, die infolge ihrer weitreichenden Beziehungen und des grösseren Aufwandes für Reklame, Reisen, Provisionen u. s. w. das Auslandsgeschäft zum grössten Teil an sich gerissen haben.

*) Eine schwere Gefahr ist für die deutsche Glühlampenproduktion im letzten Jahr durch das Vorgehen der Vereinigten Staaten von Nordamerika und Kanada entstanden. Diese beiden Länder berechnen seit Anfang 1913 bei denjenigen Leuchtmitteln, die dem Wertzoll unterliegen, darunter auch Metallfadenlampen, den Betrag der Leuchtmittelsteuer in den der Verzollung zu Grunde liegenden Marktwert ein. Infolge der gesunkenen Preise und des hohen prozentualen Anteils der Steuer am Marktpreise entsteht eine ausserordentlich hohe Zollbelastung der deutschen Glühlampeneinfuhr; so bezahlen Lampen deutscher Herkunft von 100 Watt und 110 Volt in Kanada rund 62 % des Marktwertes an Zollabgabe, während Lampen nichtdeutscher Herkunft 32 % weniger an Zoll zu entrichten haben. In den Vereinigten Staaten unterlagen Glühlampen früher dem 45 %igen Wertzoll; die Einrechnung der Leucht-

---

*) Die folgenden Angaben sind im wesentlichen einem Aufsatze von Dr. Fasolt in Heft 50 und 51 der „Elektrotechnischen Zeitschrift" 1913 entnommen.

mittelsteuer ergab bei 10kerzigen Lampen von 110 Volt eine Zollbelastung von 62,1 % gegenüber 45 % bei nichtdeutschen Fabrikaten. Die neuen ermässigten Zolltarife haben zwar für die Glühlampenindustrie erleichterte Einfuhrbedingungen geschaffen, die Differenzierung ist aber geblieben, und die Mehrbelastung der Lampen deutscher gegenüber denen fremder Herkunft beträgt immer noch 11,4 % und bei den besonders wichtigen Taschenlampen sogar 25 %.

Da alle Bemühungen der Reichsbehörden, Kanada und die Vereinigten Staaten zur Aufgabe dieser Zollpolitik zu bewegen, erfolglos geblieben sind, muss sich die deutsche Glühlampenindustrie darauf einrichten, wichtige Absatzgebiete aufzugeben, denn an ein gewinnbringendes Geschäft ist angesichts dieser Prohibitivbelastungen nicht zu denken; die deutsche Ausfuhr nach Amerika wird zusehends in die Hände der Holländer, Oesterreicher und Schweizer übergehen. Allerdings hatte die deutsche Glühlampenausfuhr nach Amerika im Jahre 1912 nur einen Wert von 1,547 Millionen Mark = 3,07 % ihres Gesamtexportes, aber es muss dabei berücksichtigt werden, dass die drei Grossproduzenten infolge ihres Patentabkommens mit der General Electric Company nicht nach Amerika exportieren dürfen. Die Ausfuhr dorthin wird also hauptsächlich von den mittleren und kleineren Betrieben bewirkt, von denen natürlich ein Exportausfall von ca. 1 Million Mark sehr schmerzlich empfunden wird.

Es liegt nun die Gefahr nahe, dass auch andere Staaten mit Wertzöllen dem Beispiel Kanadas und der Vereinigten Staaten folgen und ebenfalls die Leuchtmittelsteuer zum Marktwert hinzuschlagen, um den Verzollungswert zu erhalten. Jedenfalls wird unsere Auslandskonkurrenz nichts unversucht lassen, um die in Betracht kommenden Länder zu solchen Massregeln zu veranlassen. Es drohen also dem deutschen Export von steuerpflichtigen Leuchtmitteln schwere Gefahren, und unsere Aussichten auf dem Weltmarkt sind auf diesem Gebiete sehr trübe.

Einige weitere Schädigungen der Glühlampenindustrie durch die Leuchtmittelsteuer seien noch kurz erwähnt. Die inländische Kundschaft, insbesondere Installateure und Händler, halten seit Einführung der Steuer ihre Lager so klein als möglich, weil sie ihr beschränktes Betriebskapital nicht in toten Steuerbeträgen festlegen wollen und können. Der Fabrikant muss daher, besonders in den stillen Sommermonaten, mehr als bisher auf Lager arbeiten, und der Versand verzettelt sich in Kleinkram, während die grossen geschlossenen Sendungen nahezu ausbleiben. Die Führung der durch das Steuergesetz vorgesehenen Bücher führt infolge Anstellung unproduktiver Kräfte zu erheblichen Mehrbelastungen.

Ebenfalls bringen die vom Gesetz geforderten baulichen Anordnungen
— getrennte Inlands- und Auslandsversandräume, Aufenthaltsräume für
die Zollbeamten — Belästigungen mit sich. Es erhöht sich ferner
erheblich das Risiko des Fabrikanten, denn er hat nicht allein die Be-
träge für die gelieferten Waren, sondern auch für die Steuerbeträge zu
kreditieren, und bei den vielen zweifelhaften Elementen, die im Installationsgewerbe Unterschlupf gefunden haben, äussert sich dieses Risiko
häufig in empfindlichen Verlusten.

Da die Leuchtmittelsteuer in erster Linie die mittleren und kleineren
Werke trifft, so hat sie den in der Elektro-Industrie ohnehin schon herrschenden, im Interesse der Gesamtheit unerwünschten Konzentrationsbestrebungen den wirksamsten Vorschub geleistet.

Der Verein zur Wahrung gemeinsamer Wirtschaftsinteressen der
deutschen Elektrotechnik und die Vereinigung der Glühstrumpffabri-
kanten haben unter ausführlicher Darlegung aller Verhältnisse vor einiger
Zeit an Reichstag und Bundesrat einen Antrag auf Aufhebung der Leuchtmittelsteuer gerichtet. Der Bewegung werden sich demnächst auch
andere von den bereits eingetretenen Schädigungen betroffenen Wirtschaftsverbände anschliessen.

Die folgende Tabelle enthält nach den amtlichen Nachweisen die
statistischen. Zahlen über Gesamtherstellung, Ausfuhr und Einfuhr der
Metallfadenlampen seit Inkrafttreten der Steuer:

Rechnungsjahr	Hergestellte Mengen	Inland verbrauch	Anteil	Ausfuhr	Anteil
1909 2. Halbjahr	17 828 730	44 673 085	27,5)%	12 303 719	72,5 %
1910	41 851 288	12 660 151	33,3 %	25 358 267	66,7 %
1911	47 211 892	19 721 200	39,1 %	30 661 963	60,9 %
1912	76 185 721	26 985 015	35,9 %	48 121 970	64,1 %

Die Industrie der Metallfadenlampe ist also eine Ausfuhrindustrie
par excellence, denn über 64 % der Erzeugung wandert ins Ausland.
Daher ist die Beantwortung der Frage von Wichtigkeit, ob das Export-
geschäft der Metallfadenlampenindustrie auf die Dauer erhalten bleiben
wird. Welche Gefahren der Ausfuhr durch die Verhältnisse in Amerika
und Kanada drohen, ist oben schon erwähnt worden. Aber auch sonst
sind die Exportaussichten nicht besonders rosig. Die wachsende Bedeutung der elektrischen Beleuchtung in allen Ländern und die dadurch
von Jahr zu Jahr steigende Einfuhr von Lampen bildet besonders für
arme Staaten einen starken Anreiz sich durch Anziehen der Zollschraube
Mehreinnahmen zu verschaffen. Das ermutigt aber zur Begründung

nationaler Glühlampenfabriken, für die angesichts der günstigen Absatzverhältnisse auch leicht ausländisches Kapital zu haben sein wird; ebenso sind erfahrene Betriebsleiter und Meister aus den bisherigen Produktionsländern zur Einrichtung und Leitung der Betriebe gegen gute Bezahlung zu haben. Tatsächlich befinden wir uns schon mitten in dieser Entwicklung; Italien und Japan haben schon längst eigene Fabriken, Spanien steht im Begriffe solche zu begründen, und über kurz oder lang wird vermutlich Argentinien, eines der besten Absatzländer der deutschen Elektrotechnik, folgen. Einen Schutz gegen diese Entwicklung gibt es nicht. Die führenden, finanzkräftigen Werke werden die Folgen für sich selbst dadurch ablenken können, indem sie sich an den Auslandsfabriken beteiligen, oder solche selbst ins Leben rufen, wie dies auch schon mehrfach geschehen ist. Für das deutsche Nationalvermögen bedeutet dieser Entwicklungsprozess aber auf alle Fälle einen empfindlichen Verlust.

6. Kohlenfabrikate für elektrische Zwecke.

Die Kohlenfabrikate für die Zwecke der Elektrotechnik zerfallen in 3 Hauptgruppen:

1. Lichtkohlen für Bogenlampen,
2. Kohlenbürsten und Kohlenkontakte für Maschinen und Apparate,
3. Kohlenelektroden für elektrochemische und elektrothermische Prozesse.

In Bezug auf volkswirtschaftliche Bedeutung und Produktionshöhe spielt die Industrie der Kohlen für Bogenlampen die Hauptrolle. Naturgemäss ist dieser Zweig ähnlichen ungünstigen Verhältnissen unterworfen, wie die Bogenlampenindustrie, aber der Rückgang wird sich hier nicht so scharf fühlbar machen, weil ja die im Betrieb befindlichen Lampen, auch bei Rückgang der Bogenlampenproduktion, ständig mit neuen Kohlen ausgerüstet werden müssen.

Da die alten Reinkohlenbogenlampen heute nicht mehr fabriziert werden und die Zahl der in Betrieb befindlichen sich von Jahr zu Jahr verringert, auf der anderen Seite aber die modernen Effektlampen immer mehr überwiegen, so ist in der Industrie der Lichtkohlen in den letzten Jahren eine grosse Umwälzung eingetreten: Die billigen und schweren Reinkohlen werden von den teueren und leichten Effektkohlen von Jahr zu Jahr mehr verdrängt, und der Wert der Produktion hat sich in Bezug auf die erzeugten Gewichtsmengen beträchtlich erhöht.

Die Leuchtmittelsteuer hat diese Entwicklung, ähnlich derjenigen der Metallfadenlampe auf Kosten der Kohlenfadenlampe, noch beschleunigt, weil die Reinkohle dem Wert nach bedeutend höher durch die Steuer belastet wird, als die Metalladerkohle; insofern ist übrigens die Steuer der Kohlenindustrie garnicht so unwillkommen gewesen, denn die Preise für die billigsten Sorten Reinkohle sind sehr ungünstig, und die Produktionsverschiebung zu Gunsten des hochwertigeren Erzeugnisses erhöht natürlich die Rentabilität. Freilich wiegt dies bei weitem nicht die grossen, auch hier durch die Leuchtmittelsteuer angerichteten Schäden auf.

Die Fabrikation der elektrischen Lichtkohlen kann nur in ganz grossem Masstabe betrieben werden. Das Erzeugnis ist ein relativ minderwertiges, die Rohprodukte müssen in grossen Mengen abschlussweise von Rohstoffvereinigungen gekauft werden, und die Fabrikation erfordert kostspielige Einrichtungen wie Walzwerke, grosse Brenn- und Trockenöfen u. dergl. Ausserdem besteht die Kundschaft der Lichtkohlenwerke vorwiegend aus Grossabnehmern — man denke nur an die Bogenlampenbeleuchtung einer Grossstadt oder eines grossen Fabrikunternehmens — und nur der leistungsfähige, kapitalkräftige Grossbetrieb kann solche Aufträge übernehmen. Nachdem einige Kleinfabriken schon vor längerer Zeit verschwunden sind, haben wir eigentlich nur noch drei Betriebe in Deutschland; zwei von diesen gehören, wie schon oben erwähnt, zum Konzern der Elektro-Grossfirmen und scheiden daher für unsere Untersuchung aus, und es bleibt als reine, unabhängige Spezialfabrik nur C. Conradty, Nürnberg, übrig. Diese Firma, deren Erzeugnisse Weltruf besitzen, wurde im Jahre 1883 gegründet und beschäftigt heute in ihren ausgedehnten Fabrikationsstätten in Röthenbach bei Nürnberg über 2000 Arbeiter. Sie hat die einzelkaufmännische Betriebsform bis auf den heutigen Tag beibehalten und gehört somit zu den grössten elektrotechnischen Privatfirmen. Die Herstellung umfasst ausser Kohlenstiften für Bogenlampen auch Kohlenbürsten, Kohlenkontakte, Kohlenelektroden, sowie künstliche Kohlenfabrikate für nichtelektrotechnische Zwecke.

Mit der Entwicklung der Bogenlampentechnik ist die Firma Conradty durch die Ausbildung der Effektkohlen mit Metalladern und Metallsalztränkung aufs engste verknüpft. Die allerdings heute stark zusammengeschmolzenen Spezialfabriken für Bogenlampen stützten sich bei ihren Neukonstruktionen vorwiegend auf Conradty und arbeiteten Hand in Hand mit dieser Firma, sodass ihr ein gewisser Anteil an den Fortschritten der Bogenlampenindustrie zugesprochen werden muss.

Durch den bereits geschilderten Entwicklungsgang der Beleuchtungstechnik und durch die Leuchtmittelsteuer sind der Lichtkohlenindustrie schwere Wunden geschlagen worden. Es tritt noch hinzu, dass der Rückgang des Bogenlampenverbrauchs wieder eine Rückwirkung auf den Absatz der Lichtkohlen ausübt. Ferner belastet die Steuer die Lichtkohlen prozentual viel höher als die Glühlampen; insbesondere trifft dies für die Reinkohlen zu, bei denen der Steuersatz von 60 Pfennig für 1 kg das Produkt mit 45—120 % belastet. Gewiss hätte auch ohne die Steuer die Reinkohle der Metalladerkohle das Feld allmählich räumen müssen, aber dieser Prozess würde sich in ruhiger Weise, ohne Schädigung für die Bogenlampen- und Kohlenindustrie haben vollziehen können. Auch die Effektkohlen werden durch die Steuer immer noch mit 30 % des Wertes belastet. Dass die Steuer den Rückgang des Reinkohlenverbrauchs in erheblichem Masse beeinflusst hat, ist daraus zu ersehen, dass der Inlandverbrauch stärker abgenommen hat als der Export.

Kanada und die Vereinigten Staaten sind die Hauptausfuhrländer der deutschen Lichtkohlenindustrie; für 1,459 Millionen Mark = 16,2 % des Gesamtexportes gingen im Jahre 1912 nach diesen Ländern. Infolge der Einrechnung der Leuchtmittelsteuer in den Warenwert unterliegen die Lichtkohlen mit Metallader in diesen wichtigen Absatzgebieten gegenüber der aus anderen Ländern stammenden Einfuhr einer Mehrbelastung, die etwa 14 % des Verkaufspreises ausmacht. Die Reinkohlen werden allerdings nicht nach dem Werte sondern nach dem Gewicht verzollt, die Leuchtmittelsteuer wird also nicht eingerechnet. Es ist aber zu bedenken, dass der amerikanische Händler den Bezug seiner Lichtkohlen aus zwei verschiedenen Bezugsquellen in der Regel ablehnen wird; er wird im Interesse der Einheitlichkeit die Reinkohlen bei derjenigen Fabrik kaufen, die ihm auch seine Effektkohlen liefert. Infolge der engen technischen und wirtschaftlichen Beziehungen zwischen Lichtkohlen- und Bogenlampenindustrie wird auch die deutsche Ausfuhr von Bogenlampen nach Kanada und den Vereinigten Staaten von diesen Verhältnissen betroffen, denn die beiden Industriezweige arbeiten in engster Fühlung miteinander, und jede Einbusse des einen muss den anderen treffen.

Die folgende Tabelle gibt wieder gemäss den amtlichen Nachweisen eine statistische Uebersicht über Gesamterzeugung, Inlandverbrauch und Export der Kohlenstifte seit Inkrafttreten der Steuer; wegen der verschiedenen Steuersätze für Rein- und Effektkohlen (Reinkohle 60 Pfennig, Effektkohle 1 Mark für 1 kg) treten diese beiden Kohlensorten getrennt auf:

Reinkohlen.

Rechnungsjahr	Hergestellte Mengen	Inlandverbrauch	Anteil	Ausfuhr	Anteil
	kg	kg		kg	
1909 2. Halbjahr	4 360 015	1 198 500	29,3 %	2 895 980	70,7 %
1910	7 794 661	2 896 387	37,2 %	4 894 485	62,8 %
1911	8 103 867	3 026 412	37,1 %	5 139 235	62,9 %
1912	8 099 592	2 785 825	35,2 %	5 140 005	64,8 %

Effektkohlen

1909 2. Halbjahr	1 032 972	404 765	39,7 %	615 249	60,3 %
1910	2 205 475	988 645	46,0 %	1 161 576	54,0 %
1911	2 636 158	1 263 446	47,0 %	1 427 989	53,0 %
1912	2 923 562	1 437 543	48,8 %	1 506 934	51,2 %

Es ist leider nicht festzustellen, welchen Anteil die Spezialfabriken für Kohlenstifte an der Gesamtproduktion haben. Die Tabelle zeigt im Inlandabsatz für 1912 eine kleine Abnahme, für den Export allerdings noch eine kleine Zunahme, alles in allem aber das Bild der Stagnation und am allgemeinen Fortschritt der Elektrotechnik gemessen, das des Rückgangs.

Ein anderer wichtiger Zweig der Industrie künstlicher Kohlen für elektrotechnische Zwecke ist die Fabrikation der Kohlenbürsten. Sie wendet sich nicht wie die Lichtkohlenindustrie an die breite Masse der Konsumenten, sondern an die Fabrikanten und Besitzer elektrischer Maschinen.

Die Frage der Stromwendung und Stromabnahme bei Gleichstrommaschinen ist so alt wie der Dynamobau selbst, und die Erzielung des funkenfreien Laufs und der einwandfreien Stromabnahme beschäftigte lange Jahre hindurch den Maschinenkonstrukteur. Bis etwa zum Jahre 1890 herrschte die Metallbürste in Gewebe- oder Blätterform vor, und man nahm die von ihr verursachten Unannehmlichkeiten der starken Funkenbildung, der lästigen mechanischen Zerstäubung des Bürstenmaterials, sowie der Riefenbildung am Kollektor als etwas unabänderliches in den Kauf.

In der Kunstkohle erkannte man dann ein vorzügliches Organ für die Stromabnahme und ein Mittel bei sonst sorgfältig berechneten und konstruierten Maschinen einen funkenfreien Lauf und eine gute Instandhaltung des Kollektors zu erzielen. Da gleichzeitig auch das schwierige Problem der Stromwendung theoretisch und experimentell mehr und mehr klargelegt wurde, hatte die junge Kohlenbürstenindustrie eine sichere Grundlage für ihre weiteren Fortschritte. Ohne die vorherige Lösung der wichtigen Bürstenfrage wären die grossen Fortschritte im Maschinenbau, besonders der Bau schnellaufender Maschinen und Umformer kaum möglich gewesen.

Die Fabrikation der Kohlenbürsten wird ausser von den bereits obenerwähnten Lichtkohlenfabriken von einigen Spezialfabriken betrieben, von denen der Le Carbone A.-G., Frankfurt/Main, das hohe Verdienst gebührt, die Kohlenbürste in den Maschinenbau eingeführt zu haben. Auch mit dem weiteren Werdegang dieses Zweiges ist diese Firma bis auf den heutigen Tag aufs engste verknüpft.

Leider ist auch dieser Spezialzweig, der auch von kleineren Fabriken betrieben werden kann, nicht von einer Konkurrenz verschont geblieben, die durch Unterbietungen auf Kosten der Güte das Geschäft an sich zu reissen sucht, und die ähnlichen Tendenzen auf dem Gebiete der elektrischen Maschinen lassen solch billigen Erzeugnisse ihr Absatzgebiet finden.

Infolge der steten Fortschritte der elektro-chemischen und elektrometallurgischen Industrie gelangt auch die Herstellung von Kohlen-Elektroden zu immer grösserer Bedeutung. Es bestehen aber hierfür keine besonderen Fabriken, sondern die Kohlen-Elektroden werden als Nebenprodukt von den Lichtkohlenfabriken fabriziert.

7. Leitungsmaterialien.

Es tritt uns hier ein Zweig der Elektro-Industrie entgegen, in dem die Spezialfabriken von jeher eine ganz bedeutende Rolle gespielt haben. Als die Firma Felten & Guilleaume, eines der grössten Kabelwerke des Kontinents, mit ihren von ihr abhängigen Fabriken noch auf der Seite der Spezialindustrie stand, hatte diese sogar ein entschiedenes wirtschaftliches Uebergewicht. Heute ist das Machtverhältnis allerdings nach der Seite der beiden Konzerne hin verschoben, aber die vereinigten Spezial-Kabelfabriken stellen eine achtunggebietende Minorität dar, mit der unter allen Umständen gerechnet werden muss.

Die Industrie der Leitungsmaterialien zerfällt in zwei scharf getrennte Gebiete, die unterirdisch zu verlegenden Bleikabel, und die für oberirdische Verlegung bestimmten isolierten Drähte.

Die Starkstrom-Bleikabelindustrie führt ihren Ursprung auf die nun bald 70 Jahre alte Industrie der submarinen Telegrafenkabel zurück, und die ältesten Kabelwerke, Siemens & Halske und Felten & Guilleaume haben ihren Weltruf und ihre herrschende Stellung diesem Zweige zu verdanken.

Als dann die Fortleitung und Verteilung der von den Elektrizitätswerken erzeugten elektrischen Energie die Verlegung unterirdischer Leitungsnetze erforderlich machte, kamen der jungen Starkstromtechnik die jahrzehntelangen Erfahrungen in der Konstruktion der Telegrafenkabel sehr zu statten.

Allerdings waren zunächst die Bedingungen für die Entstehung einer grösseren Spezialindustrie noch nicht gegeben, denn in der ersten Zeit waren die entstehenden Zentralen entweder Konzessionsanlagen, oder sie wurden in einem Lose an eine der damaligen Elektro-Grossfirmen vergeben. Von diesen hatten A. E. G. und S. & H. eigene Kabelwerke; von den übrigen damaligen Grossfirmen ohne eigenes Kabelwerk hatte in erster Linie Schuckert laufenden, grossen Bedarf an Starkstromkabeln, die vorwiegend vom damaligen grössten reinen Kabelwerk, Felten & Guilleaume, bezogen wurden.

Erst als später die Besitzer der Zentralen den weiteren Ausbau ihrer Werke in eigene Hände nahmen, die Konzessionsanlagen zudem immer spärlicher wurden, ergab sich die Existenzgrundlage für eine besondere Starkstromkabelindustrie.

Bis Anfang der 90er Jahre beherrschte das Niederspannungsbleikabel für Gleichstrom den Markt. Die Ansprüche an elektrische Isolation und Durchschlagsfestigkeit waren nicht gross, und die einfachen hierfür in Betracht kommenden elektrischen Gesetze bekannt.

Die Sache komplizierte sich aber mit dem Aufkommen der Hochspannungstechnik. Die elektrischen Erscheinungen im Wechsel- und Drehstromkabel, Induktanz, Kapazität, Hysteresis, die dielektrischen Verluste, waren wohl schon wissenschaftlich erkannt, sie traten aber in hochgespannten, langen Kabeln in solch eigenartiger Weise auf, dass manche Schwierigkeiten zu überwinden waren, und die Kabelindustrie sich mit wissenschaftlichem Rüstzeug versehen musste, um die komplizierten Vorgänge im Wechselstromkabel zu erkennen und zu beherrschen. Die zur Herstellung der Hochspannungskabel benötigten Isoliermaterialien werden in besonderen Laboratorien auf ihre elektrischen und mechanischen Eigenschaften sorgfältig geprüft, die fertigen Kabel sowohl in der Fabrik als nach erfolgter Verlegung eingehenden Untersuchungen in Bezug auf Durchschlagsfestigkeit, Isolationswiderstand, Kapazität u. s. w. unterzogen. Ein Stab von wissenschaftlich ausgebildeten Ingenieuren und Physikern steht heute dem zu einem besonderen Zweige gewordenen Kabelprüfwesen vor.

Dank dieser gründlichen Forscherarbeit war die Kabelindustrie aber auch in der Lage, den Fortschritten der Hochspannungstechnik ständig zu folgen. Die Spannungsgrenze für Hochspannungskabel ging immer weiter nach oben, und heute bilden verseilte Drehstromkabel von 30 000 Volt Spannung den Gegenstand der normalen Fabrikation; für Einleiterkabel sind sogar schon 100 000 Volt Spannungsunterschied zwischen den beiden Leitern, bei geerdeten Bleimänteln also 50 000 Volt gegen Erde, erreicht worden.

Die Herstellung zweckentsprechender Kabelgarnituren ist ebenfalls Fabrikationsgegenstand der Kabelwerke, die sich schon deshalb mit der Lieferung der Zubehörteile befassen müssen, weil die Verlegung der Kabelnetze kein besonderes Installationsgewerbe beschäftigt, sondern von den Kabelwerken selbst ausgeführt wird.

Der Vollständigkeit halber sei noch erwähnt, dass sämtliche Kabelfabriken auch in grossem Umfang Schwachstromkabel für Telegrafen- und Telefonzwecke herstellen.

Es liegt in der Natur des elektrischen Kabels als eines Massengutes von bestimmtem, im wesentlichen gleichbleibendem Charakter, dass es die Tendenz der Normalisierung und Mechanisierung in sich trägt. Aus den Erfahrungen der einzelnen Werke resultieren gewisse als zweckmässig erkannte Normalkonstruktionen; die Anordnung der Kupferleiter, die Stärke, Aufeinanderfolge und Art der Isolierung sind überall ziemlich die gleichen. Die Normalisierung wird dadurch noch gefördert, dass die Auftraggeber hinsichtlich der Konstruktion und der sonstigen Eigenschaften des Kabels Anforderungen stellen, für die sich ebenfalls gewisse Normen herausgebildet haben. Es war daher die natürliche Folge, dass der Verband Deutscher Elektrotechniker, diese mustergiltige, von der fabrizierenden Elektrotechnik selbst geschaffene Institution, auch für die Konstruktion und Prüfung der Starkstromkabel Normalien aufstellte, die nicht nur für die gesamte inländische Fabrikation Geltung gewonnen haben, sondern wegen ihrer Gründlichkeit auch von einem grossen Teil der ausländischen Kabelindustrie übernommen worden sind.

Ein bedeutender Fortschritt war nunmehr erzielt. Streitigkeiten über Kabellieferungen konnten auf der Basis der auch von den Behörden anerkannten Verbandsvorschriften über Kabelkonstruktion und Kabelprüfung schnell und glatt beigelegt werden.

Aber die konstruktive Normalisierung erfordert notwendigerweise auch die wirtschaftliche Einigung. Unterbietungen durch Lieferung schlechter und billiger Ware sind nicht mehr möglich, da ja andere als verbandsmässige Ware keinen Absatz findet. Nun ist das Kabel ein Produkt, dessen Verkaufspreis überwiegend durch die Materialkosten bestimmt wird, denn die Herstellung geschieht völlig maschinell, die Tätigkeit der verhältnismässig wenigen dabei beschäftigten Personen ist eine vorwiegend überwachende. Beim Bezug der Rohmaterialien sind die Kabelwerke auf Rohstoffverbände angewiesen, deren Preispolitik sie nicht beeinflussen können. Die einzelne Kabelfabrik kann also ihre Konkurrenz nur unterbieten, wenn sie sich mit einem geringeren als dem üblichen Nutzen begnügt. Fängt aber ein Werk erst mit Unterbietungen an, so ist bald kein Halt mehr, und die Verkaufspreise weichen auf der ganzen Linie. Dieser Verlauf der Dinge tritt leicht bei Industriezweigen ein, die nach Art der Kabelindustrie technisch gebunden sind, ohne wirtschaftlich organisiert zu sein; da Güteunterschiede ja nicht bestehen, wird der Mindestfordernde die Aufträge an sich bringen, und die Konkurrenz ist genötigt, ebenfalls Preiskonzessionen zu machen, bis schliesslich die Fabrikation unlohnend geworden ist. Man rieb sich in heftigen wirtschaftlichen Kämpfen auf, der Preisstand sank unter die Selbstkosten. Der Kampf war eine Machtprobe und wurde bis aufs Messer geführt, um eine Einigung zu erzwingen. In diesem Kampfe waren die Abnehmer die lachenden Dritten; insbesondere die Elektrizitätswerke versorgten sich auf lange Zeit zu niedrigen Preisen mit Starkstromkabeln. Die Grossfirmen, deren Wohl und Wehe nicht allein von Kabeln abhängt, konnten diesen Zustand natürlich längere Zeit aushalten, zumal sie ja einen Teil ihrer Kabelproduktion zu guten Preisen an die Werke ihres Konzerns lieferten.

Endlich nach langem, verlustbringendem Kampf kam es im Jahre 1901 zur Bildung des ersten Kabelkartells, jedoch waren die Gegensätze noch zu gross, als dass die Einigung von Dauer hätte sein können; dazu kam die empfindliche Konkurrenz, die dem Kartell durch einige Aussenseiter, vornehmlich durch Bergmann, bereitet wurde. Der Verband ging denn auch schon im Jahre 1904 wieder auseinander. Es folgte dieser Zeit ein mehrjähriges Interregnum, in welcher Zeit sich die Konsumenten wiederum in grossem Umfange zu niedrigen Preisen versorgten, sodass ein zukünftiges Kartell in der ersten Zeit seines Bestehens von den erhöhten Preisen nur geringen Vorteil haben konnte.

Im Jahre 1909 kam dann das zweite, noch heute bestehende Kabelkartell zustande. Die wichtigste Errungenschaft war, dass es sämtliche deutschen und die grössten ausserdeutschen Kabelwerke umfasste; ein Wettbewerb durch ausserhalb des Kartells stehende Kabelwerke war daher zunächst ausgeschlossen.

Der Absatz der Kabelwerke in dem vom Kartell erfassten Ländern wurde kontingentiert, die Einzelbetriebe behielten aber ihre Selbstständigkeit, sie dürfen sich nach wie vor an jeder Ausschreibung beteiligen und die Kundschaft durch eigene Vertreter bearbeiten lassen; nur ist der Kartellzentrale in Berlin von jeder an die Einzelwerke ergangenen Anfrage sofort Mitteilung zu machen; die Zentrale schreibt dann von Fall zu Fall die Richtpreise vor und hat es somit einigermassen in der Hand, demjenigen Werk den Auftrag zu verschaffen, das infolge des Standes seines Kontingentes am ehesten Anspruch auf die Lieferung hat. Uebersteigt der Absatz eines Mitgliedes sein Jahreskontingent, so hat es eine seinem Absatz entsprechende Abgabe an die Zentrale abzuführen, woraus die in ihrem Absatz zurückgebliebenen Mitglieder entschädigt werden.

Die weitergehende Kartellform, nämlich das Aufhören der selbständigen Verkaufstätigkeit und ihre Uebertragung an eine gemeinsame Verkaufsstelle, scheitert wahrscheinlich an dem Widerstande der alten Kabelwerke und der Grossfirmen, die ihre Selbständigkeit nicht bis zu diesem Punkte der gemeinsamen Sache opfern wollen. Die Grossfirmen haben auch noch andere Gründe, die es ihnen geraten erscheinen lassen, eine eigene Verkaufspolitik im Kabelgeschäft zu betreiben. Wenn es sich um eine grössere Installation handelt, bei der Kabel in Betracht kommen, so hat die Grossfirma jedes Interesse daran, das ungeteilte Objekt an sich zu bringen. In solchem Falle setzt die persönliche Vermittlertätigkeit ihres Vertreters ein, der es durch Preisnachlässe auf andere Teile der Anlage in der Hand hat, den etwaigen von der Kartellzentrale vorgeschriebenen höheren Preis der Kabel, der formell in das Angebot eingesetzt wird, zu kompensieren. Auch andere Gründe, Anbahnung neuer Beziehungen, Aussicht auf spätere grössere Geschäfte, machen es häufig für die Grossfirmen wünschenswert, trotz der Kartellabgaben Kabelaufträge über das Kontingent hinaus hereinzubringen. Ueberhaupt scheint es, dass die an das Kartell zu entrichtenden Vergütungen nicht etwa der Werbetätigkeit der Kabelfabriken hindernd im Wege stehen. Sollte dem so sein, dann hätten die Grossfirmen, trotz der Bindung durch das Kartell, infolge ihrer ausgedehnten Verkaufsorganisation vor den Spezialfabriken einen gewissen Vorsprung. Jedoch sind offene Konflikte in den sechs Jahren des Bestehens des Kabelkartells noch nicht aufgetreten; das Kartell hat bisher seine Aufgabe, Erzielung angemessener Verkaufspreise, Verhinderung des schrankenlosen Wettbewerbs und der Uebererzeugung gut erfüllt und wird dies auch in Zukunft tun, wenn seine Pläne nicht durch neuerrichtete, ausserhalb des Kartells stehende Werke durchkreuzt werden.

Dem Vernehmen nach sind einige neue Kabelfabriken im Entstehen begriffen, und es wird sich zeigen, wie sich das Kartell mit diesen in Zukunft abfinden wird.*)

Es bedarf wohl keiner weiteren Ausführung, dass nur kapitalkräftige, mit allen modernen Betriebsmitteln ausgerüstete Werke die Fabrikation von Bleikabeln betreiben können. Tatsächlich hat es auch kleine Betriebe niemals gegeben; die meisten Kabelwerke wurden von vornherein in der Form der Aktiengesellschaft errichtet.

Die Bestrebungen in der Kabelindustrie gehen dahin, sich von Zwischenlieferanten in weitgehender Weise unabhängig zu machen und die Zwischenprodukte ebenfalls herzustellen. So walzen die Werke ihr Kupfer in eigenen Walzwerken, veredeln den Rohgummi in eigenen Gummiwerken, fabrizieren die Kabelausgussmasse und die sonstigen Isoliermaterialien im eigenen Betriebe.

Nur eine einzige Kabelfabrik, D r. C a s s i r e r & C o., C h a r l o t t e n b u r g, wird in Privatform betrieben. Von den übrigen sind sechs Firmen Aktiengesellschaften und die übrigen zwei Gesellschaften mit beschränkter Haftung. Die Aktiengesellschaften sind in folgender Tabelle zusammengestellt:

Name	Gründungsjahr	Aktienkapital Mark	Kurs Mitte Jan.1914	Letzte Dividende
K a b e l w e r k R h e y d t A.-G., R h e y d t	1898	5 000 000	147**)	8 %
K a b e l w e r k D u i s b u r g A.-G., D u i s b u r g	1895	3 000 000	260***)	16 %

*) Das Starkstromkabel-Kartell läuft vertraglich am 31. Dezember 1914 ab; gegenwärtig — Juli 1914 — sind Vorverhandlungen über seine Erneuerung eingeleitet worden. Angeblich ist bisher eine Einigung über die Quotenansprüche noch nicht erzielt worden, und das Kartell ist von verschiedenen seiner Mitglieder gekündigt worden, was aber wohl mehr als formeller Schritt anzuzehen ist, um mehr Freiheit zur Geltendmachung neuer Ansprüche zu haben. Jedenfalls ist bei der Erneuerung mit gewissen Schwierigkciten zu rechnen, da das neue Kabelwerk der zur Brown, Boveri-Gruppe gehörigen Rheinischen Draht- & Kabelwerke G m. b. H., Köln-Riehl, seinen Betrieb aufgenommen hat, und ferner die Kabelgesellschaft in Charleroi dem Kartell einen zunehmenden Wettbewerb bereitet.

**) Privatnotierung, da nicht an der Börse eingeführt.

***) Privatnotierung, da nicht an der Börse eingeführt.

Name	Gründungsjahr	Aktienkapital Mark	Kurs Mitte Jan.1914	Letzte Dividende
Heddernheimer Kupferwerk und Süddeutsche Kabelwerke A.-G., Heddernheim u. Mannheim	1893*)	9 000 000	161	7 %
Vereinigte Fabriken engl. Sicherheitszünder, Draht- u. Kabelwerke A.-G., Meissen	1872	675 000	351	20 %
Hackethal-Draht- und Kabelwerke A.-G., Hannover	1907	4 250 000	182	16 %
Deutsche Kabelwerke A.-G., Berlin-Rummelsburg	1896	5 250 000	127	8 %

Die Tabelle zeigt, dass in der Spezial-Kabelindustrie bedeutende Kapitalien investiert sind, die eine befriedigende Verzinsung ergeben.

Die Fabrikation der für oberirdische Verlegung dienenden isolierten Leitungen ohne Bleimantel steht in engstem technischem und wirtschaftlichem Zusammenhange mit der Bleikabelindustrie; alle Kabelwerke fabrizieren daher auch isolierte Leitungen. Ausserdem bestehen aber noch zahlreiche mittlere und kleinere Sonderbetriebe zur Herstellung isolierter Leitungsdrähte, denn dieser Fabrikationszweig lässt sich schon mit verhältnismässig geringem Betriebskapital durchführen, und die Existenz der kleinen Betriebe wird dadurch begünstigt, dass der hauptsächlichste Abnehmer für isolierte Drähte das Installateurgewerbe ist, dessen Eigenart und Bedürfnissen sich der kleine Fabrikbetrieb besser anpassen kann.

Allerdings werden die grossen Kabelwerke, die neben günstigen Abschlüssen in den Rohmaterialien über eigene Kupferwalzwerke und Gummifabriken verfügen, der kleinen Spezialfabrik isolierter Drähte, welche die Zwischenfabrikate am Markte kaufen muss, überlegen sein, aber das Absatzgebiet für isolierte Leitungen ist so ausgedehnt und mannigfaltig, und die Kundschaft so vielgestaltig, dass der kleine Fabrikant sich trotz schlechterer Produktionsbedingungen behaupten kann. Uebrigens gibt es auch unter den reinen Spezialfabriken für

---

*) 1909 Fusion der Heddernheimer Kupferwerke und Süddeutschen Kabelwerke.

isolierte Drähte einige grösseren Umfangs, welche die Zwischenprodukte im eigenen Betrieb herstellen.

Die isolierten Leitungen kommen nur für niedrige Spannungen bis etwa 1000, meist nur bis 220 Volt in Betracht. In den ersten Zeiten der Starkstromtechnik ging die Spannung nicht übeı 110 Volt hinaus, und es genügte eine Gummibandisolation, die man heute für unzureichend ansieht. Später bürgerte sich die Isolation durch nahtlosen, umpressten Gummi ein; die Leitungen werden deshalb auch Gummiaderleitungen genannt. Für die heute meist übliche Spannung von 220 Volt ist die Verwendung von Gummiaderleitungen durch die Verbandssatzungen vorgeschrieben, während für Installation in trockenen Räumen bis zu 110 Volt auch Gummibandleitungen statthaft sind. Als zu Anfang des Jahrhunderts ein fühlbarer Gummimangel eintrat und die Preise für Rohgummi immer mehr emporschnellten, wurde der Gummi vielfach mit einem zu hohen Prozentsatz fremder Bestandteile vermengt, um die Produktionskosten herabzudrücken. Natürlich wurde hierdurch der Isolationswert der Leitungen bedeutend herabgesetzt. Die Klagen der Konsumenten und der reellen Hersteller wurden so lebhaft, dass der Verband Deutscher Elektrotechniker in Gemeinschaft mit der Vereinigung der Elektrizitätswerke auch auf diesem Gebiete eingriff und im Jahre 1903 die ersten Normalien für Konstruktion und Prüfung isolierter Leitungen aufstellte, die allgemeine Anwendung fanden. Aber die Bestimmungen, besonders hinsichtlich der Art und des Prozentsatzes der fremden Beimischungen des Gummis, waren noch nicht eindeutig genug und ermöglichten den weniger gewissenhaften Werken auch weiterhin minderwertige Produkte an den Markt zu bringen. Der Verband Deutscher Elektrotechniker sah sich daher veranlasst, im Jahre 1910 verschärfte Vorschriften, die sogenannten „neuen Normalien" (im Gegensatz zu den „alten Normalien" von 1903) aufzustellen, die in erster Linie die Art der Gummimischung eindeutig festlegten, sodass die minderwertigen Fabrikate fortan vom Markte ausgeschlossen waren. Zur Unterscheidung der einzelnen Fabrikate und zur Feststellung, ob sie tatsächlich den Normalien genügen, hat die Vereinigung der Elektrizitätswerke sogenannte Kennfäden eingeführt, und die Mitglieder der Vereinigung, d. h. alle grösseren Elektrizitätswerke in Deutschland, lassen in den an ihre Werke angeschlossenen Anlagen heute nur noch Drähte zu, welche diese Kennfäden enthalten, die also erkennen lassen, dass es sich um vorschriftsmässiges Leitungsmaterial handelt.

Die Regelung der Produktions- und Preisverhältnisse der Industrie elektrischer Leitungsmaterialien war nach erfolgter technischer Einigung ein dringendes Erfordernis geworden, denn die Unterbietungen und Konkurrenzkämpfe hatten mittlerweile die erbittertsten Formen angenommen.

Nach langwierigen Verhandlungen, die wegen der Verschiedenartigkeit der einzelnen Werke besonders schwierig waren, gelang es endlich im April 1912 die sämtlichen Fabriken isolierter Leitungsdrähte in Deutschland und einen Teil der ausländischen unter einen Hut zu bringen. Es verdient als ein Meisterstück der Kartellgeschichte festgehalten zu werden, dass es gelang, so weit auseinanderstehende Interessen, wie die von Felten & Guilleaume und ganz kleiner Privatbetriebe zu vereinigen; allerdings wäre ohne die vorhergegangene konstruktive Normierung, die den einzelnen Betrieben fast keinen Spielraum mehr in der Preisfestsetzung gelassen hatte, die wirtschaftliche Einigung wahrscheinlich nie gelungen.

Die Preise für die Normalleitungen*) sowie die Wiederverkaufsrabatte wurden einheitlich festgesetzt und ermöglichen seitdem wieder ein gewinnbringendes Geschäft. Im übrigen war aber die freie Verkaufstätigkeit zunächst keinerlei Beschränkungen unterworfen.

Ein solch loses Verhältnis, das natürlich die kleinen Firmen gegenüber den grossen mit ihrer umfassenden Verkaufsorganisation benachteiligen musste, war jedoch auf die Dauer nicht haltbar. Nachdem die Konvention die Feuerprobe bestanden hatte, schritt man am 1. Oktober 1913 zur Bildung einer Verkaufsvereinigung auf der Grundlage der Kontingentierung. Die neue Organisation trat unter dem Namen „Verkaufsstelle vereinigter Fabrikanten isolierter Leitungsdrähte" in der Form der G. m. b. H. und mit dem Sitz in Berlin ins Leben; das 1 Million betragende Kapital wurde nach dem Muster der früheren Verkaufsvereinigung für Kohlenfadenlampen von den Mitgliedern nach dem Massstabe ihres Kontingentes aufgebracht. Die Einzelwerke verzichten fortan auf ihre eigene Verkaufstätigkeit und übertragen sie an die Vereinigung; die Kräfte verzehren sich nicht mehr im nutzlosen Konkurrenzkampf, sondern können im Ausbau der inneren Organisation bessere Verwendung finden, da der Absatz den Mitgliedern durch die Verkaufsvereinigung garantiert ist.

Ob das Drahtkartell sich bewähren und vor allen Dingen sich halten wird, muss die Zukunft lehren. Bis zum Frühjahr 1914 war von der

---

*) Die Dynamo-Schwachstrom- und wetterfesten Leitungen sowie gewisse Sorten von Handlampenkabeln fallen nicht unter die Konvention. Ihr Verkauf ist den einzelnen Werken freigegeben. Es herrscht hier nach wie vor ein heftiger Konkurrenzkampf, und besonders über die Preise der Dynamodrähte wird sehr geklagt.

Tätigkeit der Verkaufsvereinigung noch nicht viel zu verspüren. Das mag einerseits daran liegen, dass eine ganz neue, umfassende Organisation sich nicht in 6 Monaten durchsetzen kann; andererseits aber, und das dürfte wohl der Hauptgrund sein, eine grosse Zahl von Drahtabschlüssen. weit in das Jahr 1914 hinein, ist vor dem 1. Oktober 1913 von den einzelnen Mitgliedern für ihre eigene Rechnung getätigt worden. Als nämlich im Sommer 1913 die Verhandlungen wegen eines engeren Zusammenschlusses begannen, setzte vor Toresschluss noch einmal ein wildes Wettrennen um Abschlüsse ein; jeder Produzent suchte sich eine möglichst hohe Zahl von Abschlüssen zu sichern, es war ja nicht ausgeschlossen, dass die Verhandlungen scheiterten, und dann brauchte man wenigstens für die erste Zeit um den Absatz nicht besorgt zu sein. Die Kundschaft wurde durch das Schreckgespenst demnächstiger Preiserhöhungen gefügig gemacht, und natürlich konnten die grossen Firmen, als am 1. Oktober 1913 die eigene Verkaufstätigkeit ein Ende nahm, besonders hohe Abschlussziffern buchen, während die kleinen Betriebe in der verhältnismässig kurzen Frist nicht so viel „kartellfreie Abschlüsse" hereinbringen können. Wahrscheinlich verfügten die grossen Werke über einen Auftragsbestand, der ihnen bis zum 1. Oktober 1914, auch ohne die vom Kartell neu überwiesenen Aufträge, einen schlanken Absatz ihrer Fabrikate gewährleistete. Man hätte diesen Zustand vermeiden können, wenn man bei Beginn der Vorverhandlungen übereingekommen wäre, dass über den 1. Oktober 1913 hinaus keine Abschlüsse getätigt werden dürfen; wahrscheinlich aber ist ein solches Uebereinkommen an dem Widerstande derjenigen Mitglieder gescheitert, die ihre Machtmittel vor Toresschluss noch einmal ausnutzen wollten.

Eine grosse Gefahr droht dem Kartell von den ausserhalb stehenden Fabriken isolierter Leitungsdrähte. Von den ausländischen, dem Kartell nur zum Teil angehörigen Werken sind es vor allem einige holländische und belgische Betriebe, die schon heute die Verbandsbestrebungen durchkreuzen. In letzter Zeit haben auch in Deutschland einige ausserhalb des Syndikates stehende Fabriken den Betrieb eröffnet. Nach den Satzungen der Verkaufsvereinigung kann der Verband zur Bekämpfung von Aussenseitern die Preise herabsetzen; auch kann, wenn der Wettbewerb zu gross wird, mit einer gewissen Stimmenzahl die Auflösung des Verbandes beschlossen werden. Da zur Einrichtung und zum Betrieb einer Fabrik isolierter Drähte keine besonders grossen Kapitalien erforderlich sind und die jetzigen guten Verkaufspreise zur Bildung neuer Fabriken anreizen, wird in Zukunft noch mit weiterer, ausserhalb des Verbandes stehender Konkurrenz zu rechnen sein.

Der Absatz der blanken Kupferleitungen, in denen infolge des Baues der ausgedehnten Ueberlandnetze in den letzten Jahren ein sehr lebhaftes Geschäft herrscht, ist seit langen Jahren durch einen Verkaufsverein organisiert; übrigens könnte auch ohne ein solches Kartell der Preis für Blankkupfer nicht sehr schwanken, da er am Weltmarkt durch Nachfrage und Angebot, sowie durch spekulative Manöver bestimmt wird.

Von den grösseren Fabriken isolierter Leitungsdrähte seien die folgenden erwähnt:

Lynen & Co., G. m. b. H., Eschweiler,

Kabel- und Gummiwerk Eupen, G. m. b. H., Eupen,

Bergisches Kabelwerk, Dieckmann & Co., Barmen,

Fabrik isolierter Drähte zu elektrischen Zwecken vorm. C. J. Vogel A.-G., Adlershof bei Berlin,

Ariadne, Fabrik isolierter Drähte, G. m. b. H., Charlottenburg.

Wir haben oben bereits erwähnt, dass auch sämtliche Bleikabelwerke isolierte Drähte herstellen.

8. Isolierrohre und Isoliermaterialien.

Die Isolierrohre sind metallische Rohre mit einer Auskleidung aus imprägniertem Papier. Sie dienen in erster Linie zum mechanischen Schutz der in ihnen verlegten isolierten Leitungen, während der durch die Papierauskleidung gewährte Isolationsschutz mehr oder weniger unnötig und sogar problematisch ist, da die modernen, vorzüglichen Gummiaderleitungen nicht wie die früheren Gummibandleitungen eines weiteren isolierenden Schutzes bedürfen, lange Rohrstränge den Einflüssen der Feuchtigkeit ausgesetzt sind und die Isolierauskleidung wasseranziehend wirkt. Es ist eine jener Trägheiten, als überflüssig erkannte Dinge fortbestehen zu lassen, die das Isolierrohr seit nahezu 25 Jahren in unveränderter Form erhalten hat. Es sind übrigens auch metallische Rohrsysteme ohne Isolierauskleidung in Aufnahme gekommen, z. B. das sog. Peschelrohr.

Am meisten verbreitet sind wegen ihrer Billigkeit die Isolierrohre mit Messingmantel oder verbleitem Eisenblechmantel; sie gewähren den Leitungen aber nur geringen mechanischen Schutz. Die bedeutend solideren Stahlpanzerrohre hingegen bestehen aus gewalztem Eisen nach

Art der Gasrohre, und ihre Verbindung erfolgt wasserdicht durch regelrechte Verschraubung. Die Isolierrohr-Installation erfordert eine ganze Anzahl von Zubehörteilen, die ebenfalls von den Isolierrohrfabriken hergestellt werden; teilweise sind diese Teile aber in den letzten Jahren der Gegenstand einer besonderen Spezialfabrikation geworden.

Wir haben im ersten Kapitel schon ausgeführt, dass das Isolierrohrsystem aus Amerika herübergekommen und von Bergmann in Deutschland eingeführt worden ist. Es entwickelte sich dann infolge der zunehmenden Nachfrage in der Folgzeit eine bedeutende Isolierrohrindustrie. Teils beschäftigt dieser Zweig reine Spezialfabriken, teils sind es Kabel- und Drahtwerke, sowie Fabriken künstlicher Isoliermaterialien, welche sich die Fabrikation der Isolierrohre angegliedert haben. Von den Grossfirmen hat die A. E. G. die Herstellung des Isolierrohres in grossem Masse aufgenommen, während die S. S. W. ein emailliertes Rohr ohne Isolierung, nach dem Erfinder Peschelrohr genannt, fabrizieren.

Auch die Isolierrohrfabrikation erfordert keine grossen Betriebskapitalien, und es würden daher auch kleinere Fabriken existenzfähig sein; trotzdem gibt es aber nur einige wenige reine Spezialfabriken für Isolierrohr; für die meisten Betriebe ist die Isolierrohrfabrikation nur ein Nebenzweig.

Die bedeutendsten Isolierrohrfabriken sind folgende:

G e b r. A d t A.-G., E n s h e i m
   Gründung: 1901
   Aktienkapital: 5,8 Millionen Mark
   Letzte Dividende: 8 %.
Ausser Isolierrohr werden viele andere Gegenstände aus gepresstem Isoliermaterial, sowie Installationsmaterialien fabriziert.

K a b e l w e r k D u i s b u r g A.-G., Duisburg*)

K a b e l - u n d G u m m i w e r k E u p e n G. m. b. H., E u p e n**)

R i f f e l m a c h e r & E n g e l h a r d t, R o t h b e i N ü r n b e r g.
Die vorstehend angeführten drei Werke fabrizieren in der Hauptsache isolierte Drähte bezw. Bleikabel, und Isolierrohr nur als Nebenzweig.

F a r a d i t - I s o l i e r r o h r w e r k e M a x H a a s A.-G., R e i -
   c h e n h a i n b e i C h e m n i t z
   Gründung: 1912
   Aktienkapital: 1,5 Millionen Mark
   Dividende: 12 %

---

*) Aktienkapital, Dividende etc. siehe unter Kabelwerke.
**) Siehe auch unter den Fabriken isolierter Drähte.

Kaiser & Co., Schalksmühle,
Süddeutsche Isolierrohrwerke G. m. b. H., Lauf
b. Nürnberg.

Die drei letztgenannten Firmen gehören zu den wenigen reinen Isolierrohrwerken.

Die wirtschaftliche Lage auf dem Isolierrohrmarkte ist von Jahr zu Jahr schlechter und in den Jahren 1911/12 geradezu trostlos geworden. Infolge Entstehung neuer Werke und Vergrösserung der bisherigen war die Erzeugung gewaltig gewachsen, und um sie unterzubringen, unterboten sich die Werke immer mehr, bis die Preise fast keinen Verdienst mehr übrig liessen. Das Isolierrohr der Bergmann-Werke — bis auf den heutigen Tag hat sich die Kollektivbezeichnung „Bergmannrohr" hier und da erhalten — behielt seinen alten Ruf und seine Vormachtstellung, und die neuen Fabriken vermochten nur durch grosse Preisopfer ins Geschäft zu kommen. Mangels jeder Möglichkeit einer Einigung, selbst über rein äusserliche Dinge, hielt man sogar starr an den alten Listenpreisen der Isolierrohre fest, die anfangs der 90er Jahre von Bergmann eingeführt und später von den neuen Fabriken unverändert übernommen worden waren. Die Folge war, dass die sinkenden Verkaufspreise zu immer höheren und zuletzt gänzlich unsinnigen Rabattsätzen führten, die den Stempel der Unsolidität direkt auf der Stirn trugen. Von 30—40 % Rabatt anfangs der 90er Jahre kam man 1911/12 bis auf 70 % und mehr, und selbst Bergmann, das führende Isolierrohrwerk, musste diese Verhältnisse mitmachen. Einigermassen konnte man sich im Anfange noch an den Rohrzubehörteilen (Dosen, Abzweigstücke, Muffen u. s. w.) schadlos halten. Aber auf diese Materialien hatten sich schon kleine Spezialfabriken geworfen, die dafür sorgten, dass auch ihr Preisstand immer schlechter wurde.

Als die Sache schliesslich nicht mehr weiter ging, trat man im Herbst 1912 in Einigungsverhandlungen ein. Die Einigung war dadurch bereits angebahnt, dass 5 der grössten Isolierrohrwerke auch Leitungsmaterialien fabrizierten und infolge der schon seit 6 Monaten bestehenden Drahtkonvention in gewissen Beziehungen zueinander standen. Das im Dezember 1912 geschlossene Kartell sämtlicher deutschen Isolierrohrfabriken — die Aufnahme ausländischer Werke wurde weder damals noch später ins Auge gefasst — war der Drahtkonvention ziemlich genau nachgebildet. Die Listenpreise der Isolierrohre wurden festgelegt und die Wiederverkaufsrabatte auf ein vernünftiges Mass gebracht. Im übrigen war aber den Mitgliedern zunächst noch die eigene Verkaufstätigkeit freigegeben. Um die Installateure und Wiederverkäufer nach Möglichkeit an die Fabrikate des Verbandes zu fesseln, gewährte man, wie übrigens auch beim Drahtkartell, denjenigen Abnehmern, die sich zum ausschliesslichen Bezuge von Verbandsware verpflichteten, einen Sonderrabatt.

Die Isolierrohrkonvention war jedoch zunächst ein Schlag ins Wasser. Sofort bei Beginn der Vorverhandlungen hatten sich nämlich die gesamten Fabriken mit ihrem ganzen Apparat von Vertretern und Reisenden mit aller Energie auf die Kundschaft geworfen. Jeder befürchtete, dass die Konkurrenz ihm das Wasser abgraben würde, und er für die erste Zeit nach Inkrafttreten der Konvention ohne Aufträge sein würde. Darum galt es vor Toresschluss noch soviel Abschlüsse wie möglich hereinzubringen, wenn auch zu noch so schlechten Preisen. Bedeutende Mengen von Isolierrohr wurden somit zur Abnahme bis Ende 1913 von den Isolierrohrfabriken abgesetzt. Telegraf und Telefon arbeiteten unablässig, um immer noch weitere Aufträge, weit über den bisherigen Jahreskonsum hinaus, hereinzuholen. Die unausbleibliche Folge dieser schrankenlosen Verkaufspolitik ist denn auch gewesen, dass im Jahre 1913 so gut wie keine Verkäufe zu den neuen Verbandspreisen getätigt wurden. Die gesamte Jahresproduktion der Werke war bei Inkrafttreten der Konvention bereits an Händler und Installateure abgesetzt, und sie, nicht die Werke, genossen im Jahre 1913 den Nutzen der höheren Preise. Die Händlerfirmen betrieben einen schwunghaften Wiederverkauf mit den abgeschlossenen Mengen, und die Fabriken hatten alle Hände voll zu tun, um überhaupt nur die alten Abschlussverpflichtungen zu erfüllen; um neue Kundschaft konnten sie sich garnicht bemühen. Trotzdem also der Verband der Isolierrohrfabrikanten im Jahre 1913 so gut wie keine Erfahrungen über die Wirkung der neuen Preise hatte sammeln können, schritt man im Dezember 1913 analog wie vorher bei den isolierten Drähten zur Bildung eines „Verkaufsvereins vereinigter Isolierrohr-Fabrikanten G. m. b. H.", Berlin. Das Kapital beträgt ebenfalls 1 Million Mark, und die Organisation ist der des Verkaufsvereins für isolierte Leitungen nachgebildet; die beiden Verbände stehen übrigens unter derselben Leitung und sind eng mit einander verbunden.

Die Entwicklung muss zeigen, ob der neue Verband dem Ansturm der in- und ausländischen, ausserhalb des Verbandes stehenden Konkurrenz, die sich überall schon zu regen beginnt, gewachsen ist.*)

---

*) Inzwischen hat der Kampf gegen die Isolierrohrfabriken ausser Kartell schon zu Preisen geführt, die noch unter den doch gewiss schon schlechten Preisen der vorsyndikatlichen Zeit liegen. Nach den bisherigen Erfahrungen erscheint es fast ausgeschlossen, dass das Isolierrohrkartell sein Ziel der Preisverbesserung dauernd erreicht.

In den letzten Jahren hat sich eine neue Verlegungsart, das Rohr-drahtsystem, eingebürgert. Der Rohrdraht ist eine Verbindung einer Gummiaderleitung mit einem metallischen Schutzrohr, das den Draht fest umpresst und ein Ganzes mit ihm bildet; es kommt also das Einziehen der Leitungen in die Rohre in Fortfall. Allerdings kann der Rohrdraht nicht unter Verputz gelegt werden, weil er dann bei Betriebsstörungen zwecks Auswechslung schadhafter Teile nicht entfernt werden könnte. Da aber der Durchmesser des Rohrdrahtes je nach Anzahl und Querschnitt der Leitungen nur 5—9 mm beträgt, fällt er dem Auge bei Verlegung auf der Wand nur wenig auf. Insbesondere bei Installationen in alten Häusern, in denen nur eine Verlegung der Leitungen auf der Wand in Frage kommen kann, leistet der Rohr-draht gute Dienste.

Die Fabrikation des Rohrdrahtes wird als Nebenzweig von ver-schiedenen Fabriken isolierter Leitungsdrähte betrieben, die sich über die Preise verständigt haben, die aber zur Zeit sehr gedrückt sind, da verschiedene Aussenseiter zu bekämpfen sind.

In diesem Zusammenhange seien auch einige Worte über die I n -
d u s t r i e d e r k ü n s t l i c h e n I s o l i e r m a t e r i a l i e n gesagt.
Es handelt sich allerdings um eine Hilfsindustrie, die aber durch tausend Fäden mit der Elektrotechnik verknüpft ist. Die Industrie um-fasst Fabrikate aus Glimmer, Pressspan, Micanit, Guttapercha und künst-lichen Isoliermaterialien, ferner Oelpapier, Isolierlack, Emailledraht und viele andere Materialien, die im Maschinen- und Apparatebau ge-braucht werden.

Als grösstes Werk auf diesem Gebiete muss die Firma
M e i r o w s k y & C o ., A.-G., P o r z , (als Aktiengesellschaft seit 1909 bestehend, Kapital 3 Millionen Mark, letzte Dividende 15 %), gelten. In musterhaft eingerichteten Laboratorien werden die natürlichen und künstlichen Isoliermittel auf ihre chemischen und elektrischen Eigen-schaften untersucht und Hochspannungsprüfungen bis zu mehreren 100 000 Volt durchgeführt. Das Fabrikationsgebiet ist ein äusserst um-fassendes; so werden z. B. Scheiben und Rohre aus Glimmer, Pressspan und sonstigen Isoliermaterialien hergestellt, die bei der Fabrikation von elektrischen Maschinen, Transformatoren und Apparaten verwendet werden. Infolge Aufnahme des Baues von Kondensatoren ist die Firma übrigens aus dem Rahmen der Hilfsindustrie hinausgetreten.

Die V e r e i n i g t e n I s o l a t o r e n w e r k e A.-G., B e r l i n -
P a n k o w , pflegen als Spezialgebiet die Herstellung von Formstücken

aus künstlichem Isoliermaterial und müssen als grösstes Werk dieser Branche gelten. Es werden z. B. Büchsen, Scheiben, Muffen u. dergl. in jeder gewünschten Form aus Ambroin, einem vorzüglichen Isoliermaterial, hergestellt. Ein umfassendes Anwendungsgebiet haben sich die den neuerdings verschärften Vorschriften entsprechenden Isoliermaterialien der Gesellschaft verschafft; in Form von Zählertafeln, Abzweig- und Etagenklemmen, Isolierteilen für Schalter und Sicherungen werden sie an eine grosse Zahl von Spezialfabriken und an die elektrotechnischen Grossfirmen geliefert.

9. Elektrische Koch- und Heizapparate.

Der Gedanke, die durch den elektrischen Strom erzeugte Joule'sche Wärme für häusliche und gewerbliche Zwecke dienstbar zu machen, ist eigentlich so alt, wie die Starkstromtechnik selbst, aber bis in die jüngste Zeit hinein konnte die elektrische Heiz- und Kochtechnik wegen der zu hohen Strompreise und ungeeigneten Tarifsysteme keinen rechten Boden gewinnen. Erst seitdem die Netze der grossen Ueberlandzentralen das Land überziehen, und die zunehmende Zentralisierung der Energieerzeugung eine erhebliche Herabsetzung der Strompreise gestattet, beginnt sich auch das elektrische Heizen und Kochen, das ja seiner naheliegenden Vorzüge wegen gar keiner besonderen Empfehlung bedarf, in überraschend schneller Weise einzuführen. Infolge dieser zunehmenden Bedeutung sah sich der Verband Deutscher Elektrotechniker veranlasst, in der Statistik über die Elektrizitätswerke in Deutschland der zum Kochen und Heizen verwendeten Energie eine besondere Rubrik anzuweisen, und es stellt sich die überraschende Tatsache heraus, dass am 1. April 1913 bereits ein Anschlusswert von 82 842 K. W.[*] vorhanden war, der inzwischen noch bedeutend gestiegen sein dürfte. In besonders starkem Masse hat sich auf dem platten Lande das elektrische Bügeln eingebürgert, und auch in den Städten benutzen bereits grössere Plättanstalten ausschliesslich das elektrisch beheizte Eisen.

Dettmar[**] weist nach, dass unter bestimmten Voraussetzungen schon heute die Zubereitung der Speisen mit Hülfe der Elektrizität in konkurrenzfähiger Weise erfolgen kann.

Wir stehen aber in Bezug auf Anwendung der Elektrizität für Heiz- und Kochzwecke in Haus und Gewerbe erst in den allerersten An-

---

[*] Am 1. April 1909 waren es erst 37 721 K. W.; die Zunahme innerhalb von 4 Jahren beträgt also über 100 %.
[**] G. Dettmar, Die Elektrizität im Hause, Berlin 1911.

fängen, und die nächsten Jahre werden allem Anschein nach noch ganz andere Resultate zeitigen. So ist z. B. vorgeschlagen worden, in den betriebsarmen Nachtstunden die Elektrizität etwas über Selbstkosten abzugeben und in den Wohnhäusern grosse, gegen Wärmeausstrahlung sorgfältig geschützte Wasserbehälter elektrisch zu beheizen, sodass des Morgens warmes Wasser für alle häuslichen Zwecke zur Verfügung steht. Würde sich diese Art der Warmwasserbereitung allgemein durchsetzen, dann wären wir auch in der Frage des besseren Ausnützungsfaktors der Elektrizitätswerke um einen guten Schritt weiter gekommen.

Aber schon in der Gegenwart erobert sich das elektrische Heizen und Kochen zusehends Haus und Gewerbe, und es würde zu weit führen, alle in den letzten Jahren entstandenen Apparate einzeln aufzuführen. Heissluftduschen und Brennscherenwärmer mit elektrischer Heizung finden sich in vielen Friseurläden und Privathaushaltungen, Fuss- und Bettwärmer, Wasser- und Teekochapparate sowie elektrisch geheizte Teppiche in Hospitälern, Kontoren und Wohnungen.

Die elektrische Zimmerheizung dürfte sich dagegen in absehbarer Zeit nicht einbürgern, da sie selbst bei sehr niedrigen Stromkosten mit anderen Heizungssystemen nicht konkurrieren kann; sie spielt aber für vorübergehende Erwärmung selten benutzter Räume eine gewisse Rolle.

Auch in der Industrie wird im Laufe der Zeit das elektrische Heizen und Kochen Bedeutung erlangen. Schon heute gibt es elektrisch beheizte Kalander, Appreturmaschinen u. s. w., und sehr vielseitig ist hier die Möglichkeit der Anwendung.

Die Elektrotechnik braucht um die Schaffung neuer Absatzgebiete für die elektrische Energie nicht besorgt zu sein. Wenn die elektrische Licht- und Kraftversorgung einmal zu einem gewissen Abschluss gekommen sein wird, dann werden weitere, gewaltige Energiemengen für elektrisches Kochen und Heizen in Haushalt, Gewerbe und Industrie erforderlich sein, und die Strompreise werden inzwischen so weit herunter gegangen sein, dass die Elektrizität auch auf diesem Gebiete mit älteren Energieträgern in Wettbewerb treten kann.

Die elektrische Koch- und Heiztechnik beschäftigt eine Anzahl namhafter Spezialfabriken, von denen die bedeutendsten und ältesten die Prometheus G. m. b. H., Frankfurt am Main, (Tochtergesellschaft von Voigt & Haeffner A.-G.) Elektra G. m. b. H., St. Ludwig i. E. und Therma G. m. b. H., München, sind.

Eine Schädigung droht den reellen Fabriken in jüngster Zeit durch Betriebe, die ohne jede Erfahrung Heiz- und Kochapparate zweifelhafter Konstruktion, besonders Bügeleisen, auf den Markt bringen. Solch mangelhafte Apparate in den Händen von Laien können zu den schwersten Unfällen führen, wodurch die junge Elektro-Heiz-Industrie leicht beim grossen Publikum in Misskredit kommt. Der Verband Deutscher Elektrotechniker hat sich daher veranlasst gesehen, gegen solche Fabrikate vorzugehen.

10. Armaturen.

Hand in Hand mit der Entwicklung der hochkerzigen Metallfadenlampen ging die Ausbildung geeigneter Armaturen. Die Kohlenfadenlampe mit ihrer geringen Intensität bot naturgemäss für eine selbständige Armaturenindustrie keinen Raum; die primitiven für Kohlenfadenlampen erforderlichen Armaturen müssen zu den allgemeinen Installationsmaterialien gerechnet werden. Die hochkerzige Glühlampe erfordert aber zur ökonomischen Nutzbarmachung ihres Lichtes Armaturen, deren Formgebung auf Grund der grossen Fortschritte der Photometrie ermittelt werden muss. Es entwickelte sich als ganz neuer Zweig der Elektro-Industrie die Elektro-Lichttechnik, die dank gründlicher, wissenschaftlicher Forschung heute bereits schöne Resultate zu verzeichnen hat.

Die Ausbildung geeigneter Armaturen für hochkerzige Lampen ist besonders den Firmen G. S c h a n z e n b a c h & C o. G. m. b. H., F r a n k f u r t/M a i n , (Tochtergesellschaft von Voigt & Haeffner) und D r.-I n g. S c h n e i d e r & Co. G. m. b. H., F r a n k f u r t/M a i n zu verdanken. Während die erstgenannte Firma die Herstellung von Armaturen neben der Fabrikation anderer Installationsmaterialien pflegt, ist die zweite eine rein lichttechnische Spezialfirma, der es z. B. gelungen ist, infolge geeigneter Formgebung der Armaturen den Wattverbrauch, bezogen auf die untere hemisphärische Lichtstärke, bei Verwendung der neuen Halbwattlampen auf 0,38 für die Kerze herabzudrücken.

11. Akkumulatoren.

Die Industrie der Akkumulatoren ist eigentlich nicht elektrotechnischer sondern elektrochemischer Natur, deren Erzeugnisse jedoch in einem solch engen Zusammenhang mit der Elektrotechnik stehen, dass wir sie unter die elektrotechnischen Spezialindustrien aufnehmen

Wenn auch hinsichtlich Gewichtsverringerung und Haltbarkeit der Akkumulatoren im Laufe der Jahre grosse Fortschritte gemacht worden sind, was zudem eine erhebliche Preisherabsetzung gestattete, so ist im grossen und ganzen doch der alte Bleiakkumulator der 80er Jahre bis auf den heutigen Tag vorherrschend geblieben; die vielen auf Schaffung des sog. „leichten" Akkumulators gerichteten Erfindungen haben wohl viel Staub aufgewirbelt, aber nur geringe praktische Resultate gezeitigt.

Seine Blütezeit hat der Akkumulator von etwa 1883—1900 gehabt, als die öffentlichen Elektrizitätswerke entstanden, die vorwiegend Gleichstrom erzeugten und der Akkumulatoren zur Unterstützung der Maschinen in der Hauptbelastungszeit, bei kleineren Zentralen auch zur alleinigen Uebernahme der Tages- und Nachtbelastung bedurften. Auch die Anfang der 90er Jahre einsetzende Entwicklung der elektrischen Bahnen schuf für die Akkumulatoren ein ergiebiges Absatzfeld.

Zur Stromversorgung entfernt liegender Stadtteile errichtete man auch an manchen Orten, räumlich von der Zentrale getrennt, Akkumulatoren-Unterstationen, die während der betriebsschwachen Stunden geladen wurden und am Abend gewissermassen als sekundäre Zentralen die Versorgung der betreffenden Stadtteile übernahmen.

Der seit der Jahrhundertwende immer mehr vordringende Drehstrom hat das Absatzfeld für stationäre Akkumulatorenbatterien beträchtlich eingeengt. Zwar kann man auch in Drehstromzentralen, unter Zwischenschaltung von Drehstrom-Gleichstrom-Umformern, die elektrische Energie aufspeichern und in der Hauptbelastungszeit zur Unterstützung der Maschinenleistung verwenden; diese Methode ist aber koststpielig, kompliziert und mit hohen Verlusten verknüpft, weshalb sie nur selten angewendet worden ist. Da es übrigens in neuerer Zeit, besonders in dichtbevölkerten Industriebezirken, immer mehr üblich wird, dass sich benachbarte Ueberlandzentralen gegenseitig unterstützen, sind Akkumulatorenreserven in solchem Falle nicht mehr erforderlich.

Glücklicherweise sind der Akkumulatorenindustrie aber andere Absatzgebiete eröffnet worden, die, wenn sie auch keinen vollwertigen Ersatz bieten, doch eine befriedigende Weiterexistenz dieses Spezialzweiges gewährleisten.

Da sind zunächst die elektrisch betriebenen Fahrzeuge, die sogen. „Elektromobile." In grösserem Umfange traten sie vor etwa 8 Jahren an die Oeffentlichkeit, als in Berlin ein grosses Mietdroschkenunternehmen die Berliner Elektromobil-Droschken-Aktiengesellschaft, kurz „Bedag" genannt, ins Leben gerufen wurde. In anderen europäischen Weltstädten entstanden in der Folge ähnliche Unternehmen. Man setzte auf die Elektromobile die grössten Erwartungen; mehrere Elektromobil-Spezialfabriken entstanden, selbst Akkumulatorenwerke nahmen ihre Fabrikation auf, oder beteiligten sich an der Finanzierung von Elektromobil-Droschkenunternehmungen, nur um sich die Lieferung der erforderlichen Batterien zu sichern.

Das Berliner Droschkenunternehmen scheiterte aber an seiner schlechten Organisation und an sonstigen taktischen Fehlern und endigte schliesslich mit dem Zusammenbruch, eine grössere Elektromobilfabrik mit sich reissend.

Dieser Misserfolg bewirkte eine jahrelange Stagnation der jungen Elektromobilindustrie und des Elektromobilbetriebs, während andererseits in denselben Zeitraum der gewaltige Aufschwung des öffentlichen Automobilbetriebs mit Explosionsmotoren fiel. Es machen sich aber neuerdings mehr und mehr die Nachteile eines allzu intensiven Automobilbetriebs, das ohrenbetäubende Geknatter und die Luftverschlechterung durch die Auspuffgase fühlbar, und seit einiger Zeit ist das geräusch- und geruchlose Elektromobil, das für den inneren Grossstadtverkehr wie geschaffen ist, wieder in Aufnahme gekommen; seine Einführung wird z. B. in Berlin dadurch gefördert, dass die Konzessionserteilung für Automobildroschken mit Benzinmotoren neuerdings sehr erschwert worden ist. Der erneute Aufschwung des Elektromobilwesens ist in kurzer Zeit ein überraschender gewesen, und es laufen z. B. heute in Berlin schon wieder mehr Elektromobile als vor Jahren unter der Aera der Bedag. Es ist zu hoffen, dass im grossstädtischen Verkehr, wie dies in Nordamerika der Fall ist, das Elektromobil in Zukunft einmal vorherrschend wird. Dazu ist allerdings erforderlich, dass die Elektrizitätswerke die Bedürfnisse dieser neuen, für die rationellere Ausnutzung der Zentralen sehr geeigneten Abnehmergruppe richtig einschätzen und den Ladestrom — das Laden kann in den betriebsarmen Stunden erfolgen — so billig wie möglich abgeben, und es sind, über das ganze Weichbild der Stadt verteilt, Ladestationen einzurichten, in denen die erschöpften Batterien gegen frisch geladene ausgetauscht werden. In dieser grosszügigen und sistematischen Weise organisiert, würde das Elektromobil dann sicher eine grosse Zukunft haben und den Kampf mit dem Bezinautomobil erfolgreich aufnehmen können.*)

Auch Selbstfahrer für Lasttransport werden neuerdings mit grossem Erfolg elektrisch betrieben. Hier sind es vor allem die Vorzüge der Ueberlastbarkeit, der idealen Anlaufverhältnisse und der grossen

---

*) Laut Zeitungsnotizen ist in Berlin die Aufnahme des elektrischen Omnibusbetriebs ins Auge gefasst.

Betriebssicherheit, die den Ausschlag für den Elektromobilbetrieb geben. Auch Strassenreinigungsmaschinen nnd Krankentransportwagen werden in steigendem Umfange elektrisch betrieben.

Die Beleuchtung der Benzinautomobile geschieht in steigendem Umfange durch kleine, von Akkumulatoren, gespeiste elektrische Lampen; neuerdings bürgern sich auch elektrisch betriebene Anlassvorrichtungen für Automobile ein, bei denen ebenfalls Akkumulatoren die Kraftquelle bilden. Kleine, transportable Akkumulatorenbatterien werden ferner für die verschiedensten gewerblichen Zwecke benutzt.

Ebenfalls sind die Eisenbahn-Verwaltungen gute Abnehmer der Akkumulatoren-Industrie. Die preussische Staatsbahnverwaltung hat vor etlichen Jahren mit grossem Erfolg Akkumulatoren-Triebwagen für den Lokalverkehr dicht bevölkerter Gegenden eingeführt. Auch die elektrische Zugbeleuchtung durch Akkumulatoren ist in erfreulicher Zunahme begriffen; so sollen z. B. nach und nach sämtliche Durchgangswagen der preussisch-hessischen Bahnen elektrisch beleuchtet werden.

In den 90er Jahren herrschte ein reger Wettbewerb unter den zahlreichen damaligen Akkumulatorenfabriken. Mehrfach wurden Preiskonventionen geschlossen, die aber immer wieder nach kurzem Bestehen auseinanderfielen; unsolide Neugründungen erschwerten zudem ein gemeinsames Vorgehen. Schon damals ragte die Akkumulatoren-Fabrik-Aktien-Gesellschaft, Berlin-Hagen, kurz „Afag" genannt, das schon oben erwähnte Tochterunternehmen der beiden Grossfirmen, weit über seine Mittbewerbei hervor. Diesem Werk fielen ja wettbewerblos alle die grossen Akkumulatorenaufträge der A. E. G. und von S. & H. zu. Die Konzentrationstendenzen der Muttergesellschaften beherrschten auch das Tochterunternehmen, dessen Bestrebungen schon seit Beginn der 90er Jahre sistematisch auf die Erlangung des Akkumulatorenmonopols gerichtet waren. Soweit die Konkurrenzunternehmungen nicht an der Ungunst der Zeiten oder an ihrer eigenen Unfähigkeit zu Grunde gingen, wurden sie nacheinander von der Afag aufgekauft.

Nur eine Firma von wirklicher Bedeutung hat diesen Aufsaugungsbestrebungen bis auf den heutigen Tag zu widerstehen vermocht, nämlich Gottfried Hagen, Köln-Kalk. Dieses Unternehmen gründet seine Existenz nicht wie die meisten anderen Akkumulatorenfabriken auf irgend welche Patente oder Geheimverfahren; es handelt sich um ein altes, vorzüglich fundiertes und seit 1827 bestehendes Unternehmen für Bleiprodukte, das die Fabrikation von Akkumulatoren seit dem Jahre 1890 als Nebenzweig aufgenommen hatte. Ein Unternehmen, dessen Bedarf an Blei wahrscheinlich grösser ist als der der

Afag, kann natürlich nicht an die Wand gedrückt werden. Die Afag hat denn auch niemals versucht, sich die Firma Gottfried Hagen oder ihre Akkumulatorenabteilung anzugliedern, sondern bereits in den 90er Jahren gute Beziehungen zu ihr angeknüpft, die ihren Ausdruck in der Einräumung von Fabrikationslizenzen und sonstigen Abmachungen fanden.

Ausser diesen beiden grossen Akkumulatorenwerken, die den Markt für stationäre Batterien in Deutschland heute völlig beherrschen, gibt es noch eine Reihe von Kleinbetrieben, die sich mit der Herstellung kleiner tragbarer Akkumulatoren befassen; ihre wirtschaftliche Bedeutung ist aber nicht gross. Die Entstehung neuer, grosser Akkumulatorenfabriken ist heute nicht mehr zu erwarten, da der geringe Bedarf an stationären Batterien zu Neugründungen keinen Anreiz bietet.

12. Installationsmaterialien.

Ein schier unübersehbares Gebiet tut sich vor uns auf, das Hunderte von Spezialfabriken beschäftigt, von der Aktiengesellschaft mit vielen hundert Arbeitern bis zum fast handwerksmässigen Kleinbetrieb, der kaum noch den Namen „Fabrik" verdient. Wir brauchen nur einen Blick in die Fachzeitungen zu werfen, um aus der Fülle des Inseratenteils eine Vorstellung von der Vielseitigkeit und Zersplitterung auf diesem Gebiete zu gewinnen, dessen Erzeugnisse unter dem Sammelbegriff „Installationsmaterialien" oder „elektrotechnische Bedarfsartikel" zusammengefasst werden. Wegen der ausserordentlichen Vielseitigkeit der Fabrikate, der Verschiedenheit der Produktionsbedingungen und Betriebsformen der Werke ist diese Gruppe äusserst schwer volkswirtschaftlich zu erfassen und zusammenhängend darzustellen, zumal noch jeden Tag neue Gebilde auftauchen und alte verschwinden. Die Erfindertätigkeit, insbesondere von kleinen Leuten, wie Werkmeistern, Installateuren und Technikern ist hier besonders rege, aber die Neuerungen sind auch häufig völlig wertlos und verschwinden bald wieder von der Bildfläche.

Schon in der ersten Zeit seines Bestehens hat sich der Verband Deutscher Elektrotechniker mit der Schaffung von Leitsätzen für Konstruktion und Prüfung der hauptsächlichsten Installationsmaterialien befasst, in der Erkenntnis, wie ungemein wichtig eine strenge Ueberwachung gerade für diesen Zweig ist, der die Kleinapparate für Haus und Gewerbe, also für die Laienwelt liefert, welche mit der Eigenart der Elektrizität wenig vertraut ist, und die daher vor allen Dingen vor Schaden an Leib und Eigentum geschützt werden muss. Dazu kommt, dass die Fachkenntnisse der Installateure, welche sich mit Hausinstallationen befassen, vielfach noch sehr zu wünschen übrig lassen; um so notwendiger ist es daher, ihnen nur Apparate erprobter Konstruktion in die Hände zu geben, die selbst bei mangelhaft ausgeführter Installation Schäden nach Möglichkeit verhüten.

Wäre die Konstruktion der Installationsmaterialien keinen regelnden Gesetzen unterworfen, so würde sicher das tollste und schrankenloseste Durcheinander herrschen. Die vielen Kleinfabrikanten von Installationsartikeln, die ohnehin durch ihre Preisschleudereien den Markt ständig beunruhigen, würden die billigsten Schundwaren produzieren, das Vertrauen der Konsumenten würde erschüttert werden, und die Anwendung der Elektrizität für häusliche und kleingewerbliche Zwecke nicht den heutigen Umfang erreicht haben. Ohnehin wird heute fast jeder grössere Brand auf „Kurzschluss" zurückgeführt, der nachgerade zum Lückenbüsser für alles geworden ist. Wenn überhaupt irgendwo, dann sind die strengen Vorschriften des Verbandes hier am Platze.

Die vielen tausende von elektrotechnischen Kleinmaterialien auch nur einigermassen aufzuzählen, ist für die Zwecke unserer Studie nicht erforderlich; es genügt, wenn wir die wichtigsten Gruppen anführen.

Da ist zunächst das wichtige Gebiet der Momentschalter für die Ein- und Ausschaltung des elektrischen Lichtes in den Wohnhäusern, ein Konsumartikel von ungeheurer Verbreitung; da sind weiter die heute meist auf Schalttafeln zentralisierten Installationssicherungen mit ihren Stöpseln; da sind ferner Fassungen, Steckanschlüsse, Stecker, Abzweigdosen, Kabelschuhe, Stahldübel, wasserdichtes Material, Handlampen, Armaturen u. s. w. Hunderte von Konstrukteuren und Erfindern sind Tag aus Tag ein bemüht, neue zweckentsprechendere Materialien herauszubringen, und in die zehntausende gehen die Patente und Gebrauchsmuster für elektrische Installationsapparate.

Es darf nicht verschwiegen werden, dass der Tätigkeit der Spezialfabriken auf dem überaus wichtigen Gebiete der Installations-Sicherungen und insbesondere der auswechselbaren Schmelzstöpsel in den letzten Jahren grosse Hindernisse in den Weg gelegt worden sind. Es ist allerdings nicht zu leugnen, dass gerade auf diesem Felde früher viel gesündigt worden ist, und die zweifelhaftesten Konstruktionen auf den Markt gekommen sind, die in den Hausinstallationen eine Quelle ständiger Gefahr bildeten; verschlimmert wurden diese Verhältnisse noch durch die berüchtigten „Stöpsellötereien". In den letzten Jahren sind die zweiteiligen Schmelzstöpsel aufgekommen, welche den Sicherheitsvorschriften am besten entsprechen. Die Konstruktionen der zweiteiligen Stöpsel sind unter Leitung der betreffenden Verbandskommission leider unter völliger und bewusster Ausschaltung der vielen leistungsfähigen Sonderfabriken von den beiden Grossfirmen geschaffen worden, und wohl nur, um den Anschein eines völligen Monopols zu vermeiden, wurde eine einzige Spezialfabrik, Voigt & Haeffner A.-G., zugelassen. Diese drei Firmen, von denen jede einzelne wieder ihre Sonderpatente auf zweiteilige Patronen besitzt, haben dieses wichtige Installationselement völlig monopolisiert; seine Verwendung wurde von fast allen Elektrizitätswerken, insbesondere von den in der Entwicklung begriffenen Ueberlandwerken, vorgeschrieben, vielfach mit dem Zusatze, dass nur die Erzeugnisse von A. E. G., S. S. W. und allenfalls noch von Voigt & Haeffner — diese Firma spielt aber hier nur eine untergeordnete Rolle — verwendet werden durften. Da es sich um einen ständig zu erneuernden Konsumartikel von ungeheurer Verbreitung handelt, kann man sich vorstellen, welch ergiebige, ständig fliessende Einnahmequelle den beiden Grossfirmen aus der Lieferung der neuen zweiteiligen Sicherungen erwachsen ist. Die Spezialfirmen verkennen durchaus nicht die Verdienste der Konzerne bei der Schaffung dieser Sicherungen und gönnen ihnen auch den grossen Absatz, aber sie haben ein gutes Recht auf Zulassung ihrer eigenen Konstruktionen zweiteiliger Stöpsel. Der Werdegang dieser Installationsteile hat aber bewirkt, dass die Meinung, nur die „Diazed"- oder „Longized"-Patronen der Grossfirmen seien die richtigen und vorschriftsmässigen, derart tief in den massgebenden Kreisen eingewurzelt ist, dass andere Konstruktionen trotz billigerer Preise die grössten Schwierigkeiten haben sich durchzusetzen, wodurch der auf dem freien Wettbewerb beruhende technische und wirtschaftliche Fortschritt durchaus nicht gefördert wird. Nach Lage der Dinge haben aber die Spezialfabriken nicht das mindeste Interesse, sich mit diesen Sicherungen zu beschäftigen und Verbesserungen herauszubringen; selbst wenn sie die zahlreichen Patentklippen glücklich umschifft haben, drohen ihnen unüberwindliche Absatzschwierigkeiten, hervorgerufen durch die monopolartige Stellung der beiden Grossfirmen auf diesem Gebiete und die Abneigung der leitenden Persönlichkeiten der Elektrizitätswerke gegenüber anderen Sicherungssystemen.

Nur die Fabrikation weniger grösserer Firmen umfasst einigermassen alle Installationsmaterialien. Aber auch bei diesen führenden Werken werden bestimmte Fabrikationsgruppen mit besonderem Nachdruck gepflegt, während auf andere weniger Wert gelegt wird; die Materialien sind eben zu verschiedenartig, und die Spezialisierung ist zu weit vorgeschritten, als dass eine lückenlose Herstellung aller Materialien in einem Werk überhaupt noch möglich wäre.

Bei der engen Verwandtschaft, zwischen der Kleineisen- und Messingwarenfabrikation einerseits und der Industrie der elektrischen Installationsmaterialien andererseits, kann es nicht Wunder nehmen, dass die letztgenannte besonders in Gegenden festen Fuss gefasst hat, die seit Alters her der Sitz einer ausgedehnten Metallwarenindustrie sind; das ist vornehmlich der südliche gebirgige Teil von Westfalen, Sauerland genannt, nebst dem angrenzenden Teil des Rheinlandes, Thüringen und das Königreich Sachsen. Die wirtschaftlichen und sozialen Verhältnisse dieser Gegenden, wo der Kleinbetrieb durch Generationen hindurch in patriarchalischer Weise vom Vater auf die Söhne fortgeerbt, wo der bodenständige Arbeiter mitunter noch selbst zum Kleinfabrikanten wird und seinen Arbeitnehmern dann gewissermassen als primus inter pares gegenübersteht, wo bei bescheidenen Lebensansprüchen, einfachen Sitten und niedrigen Löhnen billig produziert werden kann, sie sind so recht geeignet zur Herstellung der vielen, billigen elektrotechnischen Kleinartikel. Selbst die Elektro-Grossfirmen mit ihrer umfassenden Fabrikation ziehen es vor, manche der kleinen und kleinsten Materialien bei diesen Spezialisten zu kaufen; die Herstellung im eigenen Betrieb würde die Fabrikorganisation ins Uferlose führen, ganz abgesehen davon, dass diese Artikel in der Grossstadt mit ihrer hochwertigen, gutbezahlten Arbeiterschaft überhaupt nicht mehr konkurrenzfähig hergestellt werden können.

Aus der Zahl der Spezialfabriken für Installationsmaterialien ragen indessen einige grössere, zum Teil schon recht alte Unternehmungen hervor, deren Stärke in der Vielseitigkeit und dem Umfange ihrer Fabrikation liegt; eine gewaltige Kluft trennt diese Grossbetriebe mit ihrer ganz modernen Arbeitsweise und grosszügigen Leitung von den oft am gleichen Platze befindlichen kleinen Konkurrenzunternehmungen.

Die hauptsächlichsten dieser Fabriken sind folgende:

Lüdenscheider Metallwerke, vorm. Fischer & Basse A.-G., Lüdenscheid i. W., als Aktiengesellschaft 1900 gegründet; Aktienkapital: 2,7 Millionen Mark, Kurs: 125, letzte Dividende: 9 %.

F. W. Busch Aktiengesellschaft, Lüdenscheid i. W., 1892 gegründet, 1911 in eine Aktiengesellschaft umgewandelt. Das Aktienkapital beträgt 1,5 Millionen Mark, die Dividende für das erste Geschäftsjahr betrug 11 %. Die Aktien werden seit kurzer Zeit an der Berliner Börse notiert. Kurs: 153.

Metallwerk Elektra G. m. b. H., Gummersbach.

Gebr. Jäger, Schalksmühle i. W.

Einen Einblick in die umfassende Fabrikationstätigkeit dieser und weiterer Fabriken gewähren ihre schön ausgestatteten und sorgfältig redigierten Kataloge.

Wie das übrige deutsche Kleineisen- und Metallwarengewerbe, pflegt auch die elektrotechnische Kleinmaterialienindustrie in hervorragender Weise das Auslandsgeschäft, das für manche Firmen, besonders für die vorgenannten, eine grössere Bedeutung hat, als der Absatz auf dem inländischen Markte. Die guten deutschen Installationsmaterialien sind in Bezug auf Preis und Qualität unerreicht und geniessen mit Recht einen Weltruf.

Eine Gruppe der Fabrikanten von Installationsmaterialien pflegt als Sonderheit die Herstellung von Zubehörteilen für Freileitungs- und Schalttafelmontage. Es sind hier die Firmen Gebr. Hannemann & Co. G. m. b. H., Düren, J. Wilhelm Hofmann, Kötzschenbroda, Stotz & Co. Elektrizitätsgesellschaft m. b. H., Mannheim - Neckarau, zu erwähnen, deren z. T. durch Patente und Gebrauchsmuster geschützte Konstruktionen ausgezeichneten Ruf geniessen und überall anzutreffen sind.

Wasserdichte Armaturen, sowie Spezial-Installationsmaterial für Bergwerke, nasse Betriebe und Schiffe werden ebenfalls von namhaften Spezialbetrieben, darunter den schon genannten Firmen Schanzenbach und Hannemann, sowie den Metallwerken v. Galkowsky & Kielblock A.-G., Berlin, hergestellt.

Die Gesellschaft für Strassenbahnbedarf m. b. H., Berlin - Weisensee, fabriziert sämtliche Oberleitungsmaterialien sowie sonstige Ausrüstungsgegenstände für Strassenbahnen, Grubenbahnen und Kranbetriebe; in ähnlicher Weise betätigt sich Albert Thode & Co., Hamburg.

Ein wichtiger Kleinapparat in der Hausinstallation ist der Momentschalter in Dosenform; mangelhaft konstruierte Momentschalter geben nicht allein Veranlassung zu ständigen Klagen, sondern bilden auch eine Quelle ernster Gefahren, zumal bei der heute meist üblichen Gebrauchsspannung von 220 Volt. Es ist daher begreiflich, dass Betriebe wie Ernst Dreefs G. m. b. H., Unter - Rodach, sowie Ellinger & Geissler, Dorfhain i. Sa. die Herstellung solcher Kleinschalter zu einem Sondergebiet ausgestaltet haben.

Ein besonderes Kapitel beanspruchen noch wasserdichte Schalter und Steckanschlüsse, die in Brauereien, Kellern, nassen Betrieben und in neuerer Zeit auch in ländlichen Installationen ausgedehnte Verwendung finden; es sind u. a. von den schon genannten Firmen Hannemann, Stotz und Schanzenbach Spezialkonstruktionen solcher wasserdichten Installationsmaterialien ausgearbeitet worden, die den schwierigen Betriebsverhältnissen dieser Apparate in jeder Weise gerecht werden.

Es würde zu weit führen in weitere Einzelheiten einzudringen; der Anteil der Spezialfabriken an der Ausbildung des modernen Installationsmaterials ist ein ganz hervorragender, das Gebiet muss als ihre eigentliche Domäne bezeichnet werden.

Infolge der Elektrifizierung des gesamten Landes hat der Bedarf an elektrotechnischen Bedarfsartikeln in den letzten Jahren allerdings eine gewaltige Steigerung erfahren, aber die Zahl der Fabrikbetriebe und die Produktion sind in noch viel höherem Masse gewachsen, sodass wir trotz der anhaltenden regen Installationstätigkeit schon heute mit der Tatsache der Uebererzeugung des kleinen elektrischen Materials zu rechnen haben. Die Preise der meisten Installationsmassenartikel sind unter dem Drucke des äusserst heftigen Wettbewerbes sprungweise gefallen, und noch immer tauchen neue Kleinproduzenten der zweifelhaftesten Art auf, werfen sich auf einige wenige Artikel und bringen diese noch weiter im Preise herunter, sodass das Geschäft stellenweise ganz unlohnend geworden ist. In demselben Verhältnis drängen neue Scharen von Händlern und Vertretern zum Markte und tragen durch ihre Unterbietungen noch zur Verschlechterung der Lage bei. Das für die nächsten Jahre zu erwartende Abflauen der Ueberlandzentralenbewegung muss hier unbedingt zu einer Krisis und zum Verschwinden ganzer Scharen von schwachen Existenzen führen.

13. Elektrotechnisches Porzellan.

Bei diesem Spezialgebiet müssen zwei Gruppen unterschieden werden, Niederspannungs- und Hochspannungsporzellan. Hinsichtlich der chemischen Zusammensetzung des Porzellans, der mechanischen Aufbereitung und des Brennprozesses bestehen übrigens zwischen den beiden Gruppen keine uns hier interessierenden wesentlichen Unterschiede, höchstens dass der Verarbeitungsprozess beim Hochspannungsporzellan mit grösserer Sorgfalt geschehen muss, um bei der nachherigen Prüfung möglichst geringen Ausschuss zu erhalten. Der Verwendungszweck und die dadurch hervorgerufenen wirtschaftlichen Verschiedenheiten sind es hauptsächlich, durch den die beiden Gruppen von einander getrennt werden.

Jahrzehntelang waren Isolatoren und sonstige Isolationsmaterialien aus Porzellan für Telegrafenzwecke in Benutzung, bevor die Starkstromtechnik auf dem Plan erschien und ebenfalls im Hartfeuerporzellan ein vorzügliches, bis auf den heutigen Tag unübertroffenes Isolationsmittel erkannte. Viele der für die Telegrafie dienenden Modelle, vor allem die normalen Glockenisolatoren der Reichspost, wurden unverändert auf die Starkstromtechnik übertragen und bewährten sich bei den niedrigen Gleichstromspannungen ganz vortrefflich. Daneben entstanden für die Spezialzwecke des Starkstroms eine grössere Zahl weiterer Isoliermaterialien aus Porzellan, wie Rollen, Tüllen, Einführungspfeifen, Durchführungen u. s. w. Für diese billigen Massenerzeugnisse bildeten sich Normalkonstruktionen heraus, ohne welche eine rationelle Massenfabrikation überhaupt undenkbar sein würde.

Die Herstellung dieser elektrotechnischen Porzellanwaren verlangt weiter keine Kenntnis und Berücksichtigung der elektrischen Erscheinungen, denn der Isolationswert des Porzellans ist für niedrig gespannte Ströme so hoch, dass Prüfungen auf Durchschlagfestigkeit u. s. w. nicht erforderlich sind. Deshalb kann die Herstellung des Niederspannungsporzellans von jeder Porzellanfabrik nebenbei betrieben werden. In der Tat ist die Fabrikation des elektrotechnischen Porzellans vielen Werken für Haushaltungsporzellan u. s. w. angegliedert; wenn auch die Erzeugnisse dieser Fabrikationsstätten, soweit sie die Elektrotechnik betreffen, in den Kreis unserer Erörterungen gehören, die Fabriken selbst können natürlich nicht als elektrotechnische Spezialfabriken gelten, weil ihr Schwergewicht auf ganz anderem Gebiete liegt und sie zur Elektrotechnik nur in ganz losem Verhältnis stehen.

Die Fabrikanten, die sich mit der Herstellung von elektrotechnischem Porzellan befassen, sind übrigens auch wichtige Unterlieferanten für die Installationstechnik; sie liefern nämlich gestanzte, mit Hülfe von Eisenmatritzen angefertigte Porzellanwaren, die bei der Herstellung der unzähligen elektrischen Apparate Verwendung finden.

Die wirtschaftliche Lage der Porzellanfabriken war, soweit sie das elektrotechnische Niederspannungsporzellan anbetrifft, bis vor wenigen Jahren wenig erfreulich; infolge der herrschenden Ueberproduktion waren die Preise stark gedrückt. Der seit einigen Jahren infolge der zunehmenden Elektrisierung gewaltig gestiegene Verbrauch an elektrotechnischen Erzeugnissen ist auch dem Porzellan zugute gekommen; seit etwa 3—4 Jahren können die Werke kaum noch der Nachfrage entsprechen, und beträchtliche Preiserhöhungen sind infolgedessen eingetreten. Da aber eine dauernde Einigung der vielen Porzellanfabriken sehr schwierig sein wird, so ist zu erwarten, dass bei weichender Konjunktur die Preise wieder auf den früheren Tiefstand sinken werden.

Folgende Porzellanfabriken, die sich mit der Herstellung elektrotechnischer Porzellanwaren für Niederspannung befassen, seien erwähnt:

Porzellanfabrik zu Kloster-Veilsdorf bei Hildburghausen (gegr. 1884, Kapital 600 000 Mark, letzte Dividende 11 %).

Gebr. Pohl, Schmiedeberg i. Schl.

Ernst Heubach, Köppelsdorf, Sa. M.

Wir gehen nun zur Betrachtung des Marktes der Hochspannungsporzellanwaren über. Die Hochspannungstechnik verlangt ein besonderes Studium zur Ermittlung der geeignetsten Formen der Isolatoren; ferner unterliegen die Erzeugnisse Prüfungen hinsichtlich der Durchschlagfestigkeit, des Uebergangswiderstandes und der mechanischen Festigkeit, wofür sich unter Mitwirkung des Verbandes Deutscher Elektrotechniker bestimmte Normen und Prüfmethoden herausgebildet haben.

Mit den zunehmenden Uebertragungsspannungen, die heute schon 110 000 Volt erreicht haben, sind in der letzten Zeit die an das Hochspannungsporzellan zu stellenden Anforderungen gewaltig gewachsen. Die alte Glockenform des Isolators musste für ganz hohe Spannungen verlassen werden; in der Kombination mehrerer tellerartiger Elemente, den sog. Hängeisolatoren, fand man die für sichere Uebertragung solch gewaltiger Spannungen geeignete Konstruktion.

Eine moderne Werkstätte für Hochspannungsporzellan kann angesehen werden als eine Vereinigung aus zwei ganz lose zusammenhängenden Teilen, der eigentlichen Fabrik, in der nach traditionellem Verfahren, fast ohne Rücksicht auf den Verwendungszweck, gearbeitet wird — selbst Betriebsleiter und Meister brauchen von der Elektrotechnik nicht das mindeste zu verstehen — und der elektrotechnischen Abteilung, die dem Werke erst den fachtechnischen Charakter verleiht. Die Haupttätigkeit dieser Abteilung ist die Prüfung und sorgfältige Sortierung der fertigen Hochspannungsisolatoren in modern eingerichteten Prüfräumen und Laboratorien; darüber hinaus entwirft sie die Neukonstruktionen, unterzieht sie den erforderlichen Prüfungen, steht in ständigem technisch-wissenschaftlichem Verkehr mit elektrotechnischen Firmen und führt an fertig verlegten Hochspannungsnetzen Experimentalversuche aus, deren Ergebnisse wieder als Unterlagen für weitere Arbeiten dienen.

Die Hochspannungs-Porzellantechnik ist auch eine wichtige Hilfsindustrie für die Fabriken von Hochspannungs-Schaltapparaten, Messwandlern, u. s. w.

Die an und für sich aus relativ wenig wertvollen Rohmaterialien bestehenden Erzeugnisse erhalten durch diese streng methodischen, wissenschaftlichen Arbeiten ihren hohen Marktwert; erst die Durchdringung mit geistiger Arbeit macht das Quantitäts- zu einem Qualitätsobjekt.

Nur verhältnismässig wenige Betriebe der Porzellanindustrie haben beim Aufkommen des hochgespannten Wechselstroms die Erzeugung von Hochspannungsmaterial aufgenommen. Infolge der bereits oben erwähnten geringen Beziehungen zwischen Porzellanindustrie und Elektrotechnik war bei den meisten Fabriken kein Verständnis für die Fortschritte der Elektrotechnik vorhanden. So kommt es, dass trotz der grossen Zahl der sich mit der Fabrikation von elektrotechnischem Porzellan befassenden Betriebe nur verhältnismässig wenige den Anschluss an die Hochspannungstechnik vollzogen haben. Heute würde es übrigens für neue Wettbewerber sehr schwer sein mit Hochspannungsporzellan ins Geschäft zu kommen, denn bei diesem wichtigen Artikel spielen Erfahrung und Ruf, sowie das Vertrauen der Abnehmer eine grosse Rolle.

Der Markt wird vorwiegend von den nachfolgend angeführten Spezialfabriken beherrscht:

Porzellanfabrik Hermsdorf, Hermsdorf S. A., mit einer Zweigfabrik in Freiburg i. Sa., gegründet im Jahre 1890. Die beiden Fabriken beschäftigen zusammen etwa 1500 Arbeiter, wovon auf Hermsdorf $^2/_3$ entfallen. Die Zahl der Brennöfen in beiden Werken beträgt 36. Auf Grund dieser Zahlen ist die Porzellanfabrik Hermsdorf als das grösste Spezialunternehmen für die Herstellung elektrotechnischen Porzellans anzusprechen; sie ist aber auch wegen ihres grossen Anteils an der Ausbildung der Hochspannungsisolatoren als die bedeutendste Spezialfabrik ihrer Branche zu bezeichnen. Geradezu klassisch zu nennen ist die in das Jahr 1898 fallende Hermsdorfer Erfindung der Delta-Hochspannungsglocken, die s. Z. überhaupt erst die betriebssichere Fortleitung hochgespannter Ströme ermöglichten. Im Laufe der Zeit ist der alte Delta-Isolator ständig verbessert worden, so z. B. in neuerer Zeit durch Anbringung eines Metallschirmes, der die Isolatoren mechanisch besser schützt und eine Gewichtsverringerung herbeiführt.

Auch die für ganz hohe Spannungen in Betracht kommenden Hänge-Isolatoren haben durch die Porzellanfabrik Hermsdorf eine weitere Ausbildung erfahren; es sind eine grössere Zahl patentierter Spezialausführungen dieser Isolatorentype auf den Markt gebracht worden.

Der Fabrikationsumfang von Hermsdorf mag durch folgende Zahlen illustriert werden: Es werden täglich 7—8000 Isolatoren und sonstige Porzellanteile geprüft; an Delta-Glocken sind im Jahre 1913 über 6 Millionen Stück geliefert worden.

Bereits im Jahre 1902 wurde ein für die damaligen Verhältnisse ungewöhnlich grosses, für ähnliche Anlagen vorbildlich gewordenes Prüf-feld eingerichtet. Im laufenden Jahre kommt ein neues Prüf- und Ver-suchsfeld in Betrieb, das, um den gewaltig gestiegenen Anforderungen gewachsen zu sein, ganz ausserordentliche Verhältnisse aufweisen wird. Das ausschliesslich den normalen Durchschlagsprüfungen dienende Feld hat einen Flächenraum von 370 qm; hierzu kommt ein ausschliess-lich für Hochspannungsversuche dienender Raum von 177 qm; der hierzu erforderliche Transformatorenraum nimmt eine Fläche von 98 qm ein. Diese grossen Abmessungen sind durch die Höhe der Prüfspannung bedingt, die den bisher noch nicht angewandten Betrag von 500 000 Volt gegen Erde erreicht.

Ph. Rosenthal & Co. A.-G., Selb i. Bayern mit 2 Zweigfabriken in Marktredwitz und Kronach; das Aktienkapital beträgt 3 Millionen Mark, die letzte Dividende betrug 20 %. Die Herstellung von elektrotechnischem Porzellan bildet nur einen Zweig dieses Werkes, das ferner Porzellan für den Haushalt und kunstgewerbliche Zwecke herstellt.

H. Schomburg & Söhne A.-G., Margarethen-hütte i. Sa., mit einer Zweigfabrik in Rosslau (Anhalt). Das Aktien-kapital beträgt 1 Million Mark, die letzte Dividende betrug 10 %. Die Firma ist die älteste deutsche Porzellanfabrik für elektrotechnisches Porzellan, mit dessen Herstellung sie sich seit 1853 befasst. Die ersten Isolatoren für Telegraphenzwecke stammten aus den Schomburg'schen Werkstätten, und für die historische Kraftübertragung Lauffen-Frankfurt hat Schomburg ebenfalls die ersten Hochspannungsisolatoren geliefert. Die Firma besitzt mustergiltige Prüfanlagen und Laboratorien, die dem-nächst derart erweitert werden sollen, dass Prüfspannungen bis 750 000 Volt zur Verfügung stehen.

Die grossen Kraftübertragungen im In- und Auslande, z. B. Lauch-hammer 110 000 Volt, Sociedad Hidro-Eléctrica Española 66 000 Volt, Brusio Lombarda und Ueberlandzentrale Weferlingen 50 000 Volt, Ueber-landzentrale Stolp 40 000 Volt und hunderte von weiteren Fernleitungen sind ausschliesslich mit den Isolatoren der vorgenannten Fabriken aus-gerüstet worden.

Die Preisverhältnisse für normale Hochspannungsisolatoren sind infolge eines Abkommens zwischen den beteiligten Werken geregelt. Für Isolatoren ganz hoher Spannungen hat jede Fabrik auf Grund ihrer eigenen Erfahrungen spezielle Konstruktionen entworfen, und eine Einigung erfolgt vermutlich von Fall zu Fall; jedenfalls sind heftige Preiskämpfe schon wegen der begrenzten Zahl der Anlagen mit ganz hohen Spannungen und der geringen Zahl der Mitbewerber ausgeschlossen.

Bis vor kurzem waren die vorgenannten Firmen auch die hauptsächlichsten Lieferanten der beiden Elektro-Konzerne. Infolge der Aufnahme der Fabrikation von elektrotechnischem Porzellan durch die Grossfirmen selbst dürften sich die Absatzverhältnisse im Laufe der Zeit verschieben. Nicht nur, dass der gewaltige Eigenbedarf des A. E. G.- und S. S. W.-Konzerns der Porzellansonderindustrie zum grössten Teil verloren gehen wird, die beiden neuen Konkurrenten werden vermutlich auch am freien Markte ihren Anteil beanspruchen. Wegen des ausserordentlich grossen Eigenbedarfes der Elektro-Konzerne an Porzellan werden aber diese Verschiebungen in den nächsten Jahren vermutlich noch nicht sehr hervortreten; die beiden Grossfirmen werden die Hände voll zu tun haben, um ihren eigenen Riesenbedarf zu befriedigen. Ob und inwieweit sich diese Verhältnisse in Zukunft ändern werden, muss abgewartet werden.

d) Verkaufsorganisation und Kundenkreis, Installateur- und Grossistenfrage.

Abgesehen von der Elektromaschinen-Industrie, die infolge der Installationstätigkeit genötigt ist, eigene Zweigniederlassungen zu unterhalten, bearbeitet die elektrotechnische Spezialindustrie ihre Kundschaft durch sogenannte Provisionsvertreter. Es sind dies Branchekaufleute, oder in neuerer Zeit mehr und mehr Ingenieure wirtschaftlicher Richtung, die in keinem direkten Anstellungsverhältniss zu den vertretenen Firmen stehen und meistens auch kein Gehalt und keine Spesen beziehen; ihre Einkünfte bestehen aus den Provisionen, die ihnen als bestimmte Prozentsätze der Fakturenbeträge sämtlicher sowohl durch ihre Vermittlung als direkt bei den Fabriken eingehenden Aufträge ihres Vertretungsbezirkes vergütet werden.

Die Aufträge werden meistens für Rechnung der liefernden Firma ausgeführt; vereinzelt tätigt der Vertreter die Verkäufe auch für seine Rechnung, in welchem Falle die Vertretung mehr den Charakter eines selbständigen Handelsgeschäftes mit dem Recht des Alleinverkaufes hat.

In der Regel reichen die Einkünfte aus einer einzigen Vertretung zum Unterhalt des Vertreters nicht aus, zumal er Hilfskräfte zu besolden hat, die ihn in der Bearbeitung der Kundschaft unterstützen, und er auch die inneren Verwaltungskosten seines Betriebes tragen muss. Er übernimmt daher die Vertretung mehrerer elektrotechnischer Spezialfabriken, wobei sich für ihn der Vorteil ergibt, dass er seine Büro- und Reiseorganisation ohne nennenswerte Erweiterung in den Dienst verschiedener Spezialzweige stellen kann, für welche in der Regel sogar derselbe Abnehmerkreis in Betracht kommt.

Nur einige wenige Spezialfabriken lassen die Kundschaft statt von Provisionsvertretern von eigenen Reisenden bearbeiten, oder unterhalten gar nach dem Muster der Grossfirmen Verkaufsfilialen; die Umsätze im Bereich des Reisebezirks sind meist nicht hoch genug, um solch kostspielige Organisationen zu rechtfertigen.

Die Verkaufsorganisation der Spezialfabriken im europäischen Auslande ist von der im Inlande nicht sehr verschieden; naturgemäss ist hier die Unterteilung in kleinere Vertreterbezirke nicht soweit fortgeschritten, und die Vertreterfirmen sind meist angesehene Handelsfirmen mit umfassendem Arbeitsprogramm.

Im überseeischen Auslande werden die Interessen der elektrotechnischen Sonderindustrie in der Regel durch grosse Exportfirmen wahrgenommen, die ihren Sitz in unseren grossen Ausfuhrhäfen haben und in den betreffenden Exportländern Filialen unterhalten; in neuerer Zeit sind einige Fabriken dazu übergegangen, in den Hauptausfuhrländern Vertreter nach deutschem Muster anzustellen, die natürlich ganz anders in der Lage sind für die Interessen ihrer Firma zu wirken, als die Exporthäuser, die oft 50 und mehr sehr heterogene Häuser vertreten. Auch sogenannte Kollektivreisende sind als werbende Organe der Elektroindustrie im Auslande anzutreffen; es sind dies Reisevertreter, die für mehrere Spezialfabriken die Reisetätigkeit ausüben, die sich in die sehr erheblichen Reisekosten teilen.

Etwas näher müssen wir uns noch mit den einzelnen Abnehmerkreisen der Spezialfabriken befassen und untersuchen, wo ihre hauptsächlichsten Interessen liegen.

Eine wichtige Abnehmergruppe sind die öffentlichen Elektrizitätswerke, soweit sie nicht zum Konzern der beiden Grossfirmen gehören. Die Zeiten der Vergebung der Anlagen in Bausch und Bogen an einen einzigen Unternehmer sind vorbei; die grossen Elektrizitätswerke, vornehmlich die kommunalen, verfügen über einen Stab von technisch und wirtschaftlich geschulten Betriebs- und Verwaltungsbeamten, sowie über ein ganzes Heer von Monteuren. Die notwendig werdenden Erweiterungen werden in eigener Regie ausgeführt und die erforderlichen Maschinen, Apparate, Zähler, Messinstrumente und Kabel getrennt ausgeschrieben, wobei Gelegenheit gegeben ist, die vielen Spezialfabriken ebenfalls zur Lieferung heranzuziehen.

Auch die mittlere und kleine Industrie, die vielfach zur eigenen Installation ihrer elektrischen Anlagen übergegangen ist, ist ein wertvoller Kundenkreis für die Elektro-Spezialindustrie gerworden. An Stelle der veralteten eigenen Gleichstromzentralen geht die Industrie heute in steigendem Masse zum Anschluss an die Ueberlandzentralen über; die Lieferung und Installation der Elektromotoren, Lampen und sonstigen Verbrauchsapparate eröffnet der elektrotechnischen Spezialindustrie hier ein ergiebiges Arbeitsfeld.

Eine fernere, sehr wichtige Abnehmergruppe der Elektro-Spezialindustrie sind weiterhin diejenigen Maschinenfabriken, welche Elektromotoren, Apparate, Messinstrumente u. s.w. zum Wiederverkauf und zur Ergänzung ihrer eigenen Erzeugnisse benötigen, also vornehmlich Pumpen-Aufzug- und Werkzeugmaschinenfabriken, deren Erzeugnisse fast ausschliesslich elektrisch angetrieben werden. Diese Industriezweige haben besonders Veranlassung sich eng an die elektrotechnischen Spezialfabriken anzuschliessen, weil die Elektrizitätsgrossfirmen vielfach selbst Pumpen, Kompressoren, Aufzüge u. s. w. herstellen, also als Konkurrenten der betreffenden Maschinenfabriken gelten müssen.

Die Apparate-, Messinstrumenten-, Bogenlampen-, Glühlampen-, Kohlen- und Kleinmaterialfabriken besitzen in der elektrotechnischen Spezialindustrie selbst, und zwar in der installierenden Elektromaschinen-Industrie, eine bedeutende Abnehmerin. Trotz ihrer teilweise recht bedeutenden eigenen Fabrikation von Schaltapparaten, Anlassern und Instrumenten benötigen diese Firmen in grossem Umfange elektrotechnische Erzeugnisse fremder Herkunft.

Auch die Grossfirmen müssen wohl oder übel beträchtliche Käufe bei der Spezialindustrie tätigen, denn bei all ihrer Vielseitigkeit können sie aus wirtschaftlichen Gründen nicht alle Spezialartikel anfertigen; dies gilt besonders von dem verzweigten Gebiete der kleinen Installations-Materialien. Mitunter wird den Grossfirmen bei Ausschreibungen auch die Verwendung bestimmter Erzeugnisse der Spezialindustrie seitens der Auftraggeber vorgeschrieben.

Die Hauptkunden der elektrotechnischen Sonderindustrie sind aber die Elektro-Installateure und die Händler. Die Beziehungen sind hier das natürliche Produkt der Verhältnisse; Lieferanten und Abnehmer sind direkt aufeinander angewiesen. Die Installateure sind für die Spezialindustrie dasselbe, was für die Grossfirmen ihre auswärtigen Installationsbüros sind; ebenso wie diese bildet der selbständige Installateurstand das Bindeglied zwischen Produzenten und Konsumenten.

Angesichts dieser wichtigen Beziehungen wird es nötig sein, die Struktur und wirtschaftliche Lage des Elektro-Installateurstandes einer näheren Betrachtung zu unterziehen. Man begegnet häufig der Darstellung, als sei der Stand der Elektroinstallateure aus den grossen elektrotechnischen Firmen hervorgegangen. Gewiss rekrutiert sich nach Lage der Dinge ein grosser Prozentsatz der Installateure aus früheren Angestellten der führenden Firmen, auch hatten in den Kinderjahren der Starkstromtechnik angesehene Installationsfirmen, die teilweise heute noch bestehen, die Vertretung von Grossfirmen inne, aber der Stand der Installateure als solcher ist so alt wie die Starkstrom-Elektrotechnik selbst. In einem Aufsatz von Rühlmann in der Elektrotechnischen Zeitschrift von 1885 wird erwähnt, dass eine Anzahl von Installationsfirmen, darunter wohlbekannte Namen wie Hermann Pöge in Chemnitz, Oskar Kummer & Co. in Dresden, August Hopfer und Oskar Schöppe in Leipzig zusammen 43 elektrische Lichtanlagen ausgeführt haben; es haben also damals schon blühende elektrotechnische Installationsfirmen bestanden, und man wird annehmen können, dass es auch schon anfangs der 80er Jahre selbständige Installateure gegeben hat.

Es ist früher häufig die Streitfrage aufgeworfen worden, ob das Elektro-Installateurgewerbe dem Handwerk zuzuzählen ist. Wenn man den alten zunftmässigen Massstab anlegt, der nur diejenigen primitiven Betriebe zum Handwerk rechnet, in denen Meister, Gesellen und Lehrlinge zusammen in der Werkstatt oder draussen auf der Baustelle arbeiten, in denen von wirtschaftlicher Betriebsführung, von der Anwendung kaufmännischer Methoden noch nicht die Rede ist, dann gehört das Elektro-Installateurgewerbe allerdings nicht zum Handwerk, denn mit der blossen praktischen Betätigung ist es hier nicht getan; zur erfolgreichen Ausübung dieses modernen Gewerbes gehören umfassende technische und kaufmännische Kenntnisse, sowie hohe wirtschaftliche Einsicht, die dazu befähigt, der so überaus schnellen Entwicklung zu folgen.

Aber man hat den vom neuzeitlichen Handwerk umfassten Kreis schon längst erweitert, ähnliche Entwicklungstendenzen wie im Elektro-Installateurgewerbe zeigen sich auch in anderen kleingewerblichen Zweigen. Treffend sagt Schuldirektor a. D. Reichel in Zittau in einem Aufsatz der „Westdeutschen Mittelstandszeitung" vom 18. Juni 1910:

„An die Stelle der untergehenden Handwerkszweige treten
„dagegen wieder neue. So sind die Gewerbe für Zahntechnik,
„Fahrrad- und Motorfahrrad-Reparatur, die Installation
„für Gas, Wasser und Elektrizität neu erstanden. Sie
„stammen z. T. aus einem alten Grundhandwerk. So waren die
„Installateure früher Rohrleger, Klempner, die Fahrradreparateure
„Schlosser oder Mechaniker. Immer mehr stellt sich die Not-
„wendigkeit heraus, dass auch für diese Zweige, wenn etwas ordent-
„liches geleistet werden soll, eine eigene Lehrzeit erforderlich ist.
„Es gibt dabei so viel zu lernen, dass man Lehrlinge besonders
„dafür ausbilden muss. Dadurch entstehen aber neue Handwerke.
„Im Handwerk ist eben viel Leben und Entwicklung; immer neue
„Formen gebiert es aus sich heraus, und es wird dann nie sterben,
„wenn auch ab und zu einmal einzelne Zweige verdorren oder abfallen.“

Bei den Verhandlungen der Handels- und Gewerbekommission des
preussischen Abgeordnetenhauses über die Ausschaltung des freien Wettbewerbs bei der Errichtung von Ueberlandzentralen sagte der Vertreter
des Ministers für Handel und Gewerbe:

„Die elektrischen Installationsarbeiten eignen sich besonders für
„den handwerkmässigen Betrieb; es bietet sich hier eine kaum
„jemals wiederkehrende Gelegenheit für die Entwicklung eines
„selbständigen Handwerkerstandes.“

Im Elektro-Installateurhandwerk haben sich recht bedeutende
Betriebe mit hundert und mehr Angestellten und Umsätzen von mehreren
hunderttausend Mark in beträchtlicher Zahl herausgebildet, die sich aber
trotz ihrer durchaus kaufmännischen Organisation freudig zum Handwerk
bekennen, sehr zum Nutzen des gesamten Standes, denn bei der herrschenden handwerkerfreundlichen Stimmung der Verwaltung wird auch das
Elektro-Installateurhandwerk in seinen Fortbildungsbestrebungen und
seinem Kampfe gegen die selbstinstallierenden Grossfirmen auf die Unterstützung der Regierung rechnen können. Der preussische Staat hat
bereits erkannt, dass dem neuen Elektro-Installateurgewerbe vor allem
eine bessere fachliche Ausbildung nottut, und in dankenswerter Weise
ist durch Einrichtung von staatlichen Fortbildungskursen, in neuerer
Zeit auch von Installateurschulen mit mehrsemestrigem Kursus hierfür
gesorgt worden.

Die Gesamtzahl der im Elektro-Installateurgewerbe in Deutschland beschäftigten Personen kann für die Gegenwart mit 50 000, die Zahl
der selbständigen Installateure mit etwa 4000 angenommen werden.

Im Jahre 1902 haben sich die Elektro-Installateure zu einem „Verbande der elektrotechnischen Installationsfirmen in Deutschland" mit dem Sitze in Frankfurt a./M. zusammengeschlossen; einer der Hauptzwecke dieser Berufsorganisation ist der Kampf gegen die Grossfirmen. Der Verband zählt heute etwa 800 Mitglieder. Er gründete später noch eine Einkaufsgenossenschaft, der aber nur ein Teil der Mitglieder beitrat. Durch gemeinsamen Einkauf des Bedarfes seiner Genossen hat die Genossenschaft schon sehr segensreich für den Installateurstand gewirkt.

Die andere Abnehmergruppe der Spezialfabriken, die elektrotechnischen Grossisten, spielen neben den Installateuren nur eine untergeordnete Rolle. Die überaus rasche Entwicklung der Elektrotechnik und das Vorgehen der elektrotechnischen Grossfirmen, die unter Ausschaltung des vermittelnden Grosshändlers durch ihre Zweigniederlassungen die Konsumentenkundschaft direkt bearbeiten, zwang auch die Spezialfabriken zu gleichem Tun; soweit sie ihre Erzeugnisse nicht an die Installateure absetzen, liefern sie ebenfalls direkt an die Verbraucher. Wir müssen allerdings dabei berücksichtigen, dass sich ganze Klassen von Erzeugnissen überhaupt nicht für den Zwischenhandel eignen; grosse Maschinen, Transformatoren, Kabel, gewisse Schaltapparate und Messinstrumente sind ihrer Natur nach Objekte, bei denen dem Kauf Verhandlungen technischer Natur vorausgehen, und es würde sehr umständlich sein, wenn der Käufer diese Verhandlungen durch Vermittlung des Grosshändlers führen müsste, dessen mangelnde Branchekenntnisse ihn zu zeitraubenden Rückfragen bei der liefernden Fabrik zwingen würden; auch wünscht der Käufer bei solchen Materialien die direkte Garantie des Fabrikanten, sodass für den Grossisten hier kein Platz ist.

Die Domäne des elektrotechnischen Grosshändlers wird vielmehr das Installationskleinmaterial, Glühlampen, Kohlenstifte, isolierte Drähte, Isolierrohr, Armaturen u. s. w. sein, also die farblosen Gegenstände der Massenfabrikation, aber sogar auf diesem Gebiete kommt seine Tätigkeit bisher noch wenig zur Geltung, weil auch die Fabrikanten dieser Materialien in der Regel den Grossisten umgehen und direkt an Installateure und Konsumenten liefern, wozu die ausserordentlich gedrückten Preise der Kleinmaterialien sie allerdings auch häufig zwingen.

Es scheint aber, dass sich diese Verhältnisse im Laufe der Zeit ändern werden, und sich auch in der Elektro-Industrie als notwendiges Zwischenglied ein leistungsfähiger Grossistenstand herausbilden wird, wie er in verwandten Zweigen, z. B. dem Gas- und Wasserleitungsfach, schon immer bestanden hat. Die Ausbreitung der Elektrizität hat auf der einen Seite dem Installateurgewerbe viele neue Mitglieder zugeführt, und auf der anderen Seite zu einer starken Vermehrung der kleinen und mittleren Spezialfabrikanten geführt. Diese kleinen Fabrikanten mit stark ausgeprägter Spezialisierung besitzen nicht die Mittel, um die Installateure durch eigenes Reisepersonal bearbeiten zu lassen, und zur provisionsweisen Vertretung eignen sich diese Kleinartikel ebenfalls nicht; auch würde es für die kleine Spezialfabrik sehr schwierig sein, die vielen Konten solcher Kleinkunden zu überwachen, und ferner wäre die Kreditgewährung an die vielfach nur von der Hand in den Mund lebenden Installateure ein zu grosses Risiko. Für die nur über geringe Fachkenntnisse verfügenden Kleininstallateure ist es überdies viel zu umständlich und schwierig, mit so vielen Einzellieferanten zu tun zu haben.

In diese Bresche tritt nun in den letzten Jahren der elektrotechnische Grosshändler ein und übernimmt die volkswirtschaftlich wichtige Aufgabe, Produktion und Konsum miteinander in Einklang zu bringen, einerseits die Erzeugnisse der kleinen Spezialfabriken unterzubringen und ihr Risiko zu vermindern, und andererseits den kleinen Installateur in der für ihn allein richtigen Weise mit Produkten zu versorgen. Der Grossist deckt seinen Bedarf bei hunderten von Spezialfabriken und unterhält ein umfangreiches Lager in allen in Betracht kommenden Materialien, die er in einer eigenen illustrierten Liste übersichtlich zusammenfasst. Er entlastet die Fabrikanten von der zeitraubenden und wagnisreichen Bearbeitung der vielen Installateure, die heute nicht nur wie früher in leicht erreichbaren Städten, sondern auch in abgelegenen Dörfern ansässig sind. Die Fabrikanten haben es fortan nur noch mit verhältnismässig wenigen Grossabnehmern zu tun, die ihren Bedarf einigermassen im voraus bestimmen und derart verfügen können, dass die Nachfrage sich nicht mehr auf eine kurze Zeit zusammendrängt und der Fabrikant zeitweilig auf Lager arbeiten muss. Allerdings beansprucht der Grossist seinen Zwischenverdienst und muss daher billiger einkaufen als früher der Installateur; durch grosse Abschlüsse in gleichartigen Materialien ermöglicht er aber dem Fabrikanten durch rationelle Massenherstellung Ersparnisse zu machen, und da sich ferner dessen Wagnis verringert und seine Verkaufsorganisation vereinfacht, wird das Preisopfer nicht sehr erheblich sein. Die Installateure des Bezirkes können dem Lager des Grossisten alle Materialien schnell und bequem entnehmen und brauchen kein eigenes grösseres Lager mehr zu unterhalten.

Trotzdem sich die alten, grossen Spezialfabriken den Grossisten gegenüber ziemlich ablehnend verhalten und an der direkten Bearbeitung der Installateure und Verbraucher festhalten, setzt sich dieser wichtige, unbedingt erforderliche Stand von Jahr zu Jahr mehr durch; auch grössere Installationsfirmen bedienen sich heute schon in steigender Zahl der Dienste der Grossisten, die früher als unnütze, materialverteuernde Glieder des Wirtschaftslebens in nichts weniger als gutem Ansehen standen. Es wäre im Interesse der elektrotechnischen Spezialindustrie wünschenswert, wenn auch die grossen Sonderfabriken ihre Taktik ändern wollten. Angesichts ihrer alten Beziehungen zu den Installateuren kann natürlich nicht erwartet werden, dass sie das ganze Geschäft den Grossisten überlassen; was diese aber verlangen müssen, um in eine Geschäftsverbindung eintreten zu können, ist die prinzipielle Anerkennung ihrer besonderen Stellung durch Gewährung von Ausnahmepreisen, wie sie sonst überhaupt nicht bewilligt werden. Nur bei solchem Entgegenkommen werden sich die Grosshändler mehr als bisher für den Verkauf der Fabrikate der alten Spezialfabriken interessieren und ihnen neue Absatzgebiete erschliessen.

Auch die vor kurzer Zeit ins Leben gerufenen Verkaufsvereinigungen für Isolierrohr und isolierte Drähte haben bisher zu den Grossisten keine Stellung genommen, obschon doch gerade bei solchen Massengütern von gleichbleibender Beschaffenheit die Mitarbeit leistungsfähiger Grosshändler zur Entlastung von den verzettelnden Kleinarbeiten sehr erwünscht sein müsste. Aber die von den Syndikaten gewährten Vergünstigungen sind lediglich von der Höhe der Abschlussmengen abhängig; die volkswirtschaftlich so wertvolle Vermittlertätigkeit des Grossisten wird garnicht in Berücksichtigung gezogen. Durch solche Nichtachtung und Verkennung eines wichtigen Berufes werden die Händlerfirmen direkt in die Arme der Aussenseiter, insbesondere der ausländischen Fabriken, getrieben, sehr zum Schaden unserer nationalen Wirtschaft. Die Kurzsichtigkeit der Verbände verschuldet es in der Tat zum Teil, dass der deutsche Markt mit syndikatfreien Drähten und Isolierrohren überschwemmt ist, und die Verbände mit Kampfpreisen haben vorgehen müssen. Es liegt daher im Interesse der Verbände, die Grossisten durch Anerkennung ihrer besonderen Stellung zur Mitarbeit heranzuziehen und sie aus Gegnern der Syndikate zu Bundesgenossen zu machen.

Der Natur der Dinge nach wird der elektrotechnische Grossist nur ein beschränktes Absatzgebiet haben können; in gewisser Entfernung von seinem Domizil überwiegt bereits der wirtschaftliche Einfluss seiner Konkurrenten aus anderen Orten, und da die vertriebenen Artikel keine nennenswerten Unterschiede aufweisen, wird der Verbraucher seinen Bedarf an den ihn am nächsten gelegenen Plätzen decken, und wir haben heute so ziemlich in allen grösseren Städten elektrotechnische Grosshandlungen. Die Expansionsmöglichkeit dieses Gewerbezweiges ist also eine verhältnismässig geringe.

Der Vollsätndigkeit halber sei noch erwähnt, dass die elektrotechnischen Grosshändler nicht immer ausschliesslich das reine Grossistengeschäft betreiben; vielfach sind sie dabei auch als Provisionsvertreter elektrotechnischer Spezialfabriken tätig; Qualitätsobjekte der oben gekennzeichneten Richtung, die sich zum Verkauf für eigene Rechnung nicht eignen, werden provisionsweise, und die mehr farblosen Massenartikel, die sich umgekehrt zur Vertretung nicht eignen, für eigene Rechnung abgesetzt.

Die elektrotechnischen Grosshändler sind in zwei wirtschaftlichen Verbänden mit dem Sitze in Frankfurt a. M. und Leipzig vereinigt, jedoch ist das Zusammengehörigkeitsgefühl leider noch wenig entwickelt, und nur ein Teil der Standesgenossen gehört einer der Vereinigungen an. Von nennenswerten Aktionen dieser Verbände zur Geltendmachung ihrer Interessen ist bisher nichts verlautbar geworden; die dringendste Aufgabe für sie wäre, mit den Spezialfabriken zu einem Verhältnis zu gelangen, das ihrer Sonderstellung in gebührender Weise Rechnung trägt; dann erst werden sich die heute noch völlig in der Luft schwebenden Verhältnisse des Standes der Elektro-Grossisten konsolidieren.

e) Technische und wirtschaftliche Verbände in der Elektro-Industrie, Kartellfragen, Export.

Wir haben schon früher den Verband Deutscher Elektrotechniker, eine Gründung der gesamten Elektro-Industrie, erwähnt, der im Jahre 1893 begründet worden ist. In der Elektrotechnischen Zeitschrift vom 3. Februar 1893 ist der Zweck des neuzugründenden Verbandes wie folgt angegeben: „Wahrung und Förderung derjenigen Interessen, welche das Gebiet des Wirtschaftslebens, der Gesetzgebung, der inneren Organisation der elektrischen Industrie betreffen", und über die Gründungsversammlung wird folgendes berichtet: „So sah denn der gelbe Saal des „Kaiserhofes" auch die Vertreter der grössten elektrotechnischen Firmen, die sich so häufig in heftiger Konkurrenz bekämpfen, in Eintracht mitwirken, zur Gründung des deutschen Elektrotechnikerverbandes. Man setzt grosse Hoffnungen in den industriellen Kreisen auf diese Art des gemeinsamen Wirkens, von dem man sich eine Milderung der im Konkurrenzkampfe sich häufig scharf gegenübertretenden Gegensätze verspricht." An der Gründungsversammlung beteiligten sich die Grossfirmen, die bedeutendsten Spezialfabriken und die Vertreter der damaligen elf elektrotechnischen Vereine.

Interessant ist es, dass auf der ersten Tagung des Verbandes Deutscher Elektrotechniker in Köln eine Spezialfabrik, nämlich Voigt & Haeffner A.-G., durch ihren Antrag: „Vorschläge zur Einführung einheitlicher Kontaktgrössen und Schrauben bei Ausschaltern, Sicherungen, sowie grösseren Apparaten von 50 Amp. an" dem neuen Verbande die Richtung anwies, die ihn in der Folge zu so grossen Leistungen führen sollte.

Durch die vom Verband aufgestellten Normalien, Prüfungs- und Installationsvorschriften, durch welche für alle Erzeugnisse der Elektrotechnik feste technische Grundlagen geschaffen wurden, hat er in den zwanzig Jahren seines Bestehens in geradezu vorbildlicher Weise gewirkt und dazu beigetragen, dass sich die deutschen elektrotechnischen Erzeugnisse in der ganzen Welt eines solch grossen Ansehens erfreuen. Auch in wirtschaftlicher Hinsicht ist durch die kontrollierende und normalisierende Tätigkeit des Verbandes die Produktion in feste Bahnen gelenkt worden.

Die unter Mitwirkung sämtlicher führenden elektrotechnischen Fabriken unter Hinzuziehung anderer Wirtschaftsverbände, wie z. B. des Verbandes der elektrotechnischen Installationsfirmen, mit unermüdlicher Gründlichkeit durchgeführten Arbeiten des Verbandes Deutscher Elektrotechniker stellen ein schönes Beispiel dar, wie die allen Fachangehörigen gemeinsame Liebe zum Beruf, das Bestreben, Technik und Wissenschaft zu fördern, die starken wirtschaftlichen Gegensätze zwischen Gross- und Spezialfabriken sowie den Installateuren zu überbrücken vermocht haben.

In dem im Jahre 1902 ins Leben getretenen „Verein zur Wahrung wirtschaftlicher Interessen der deutschen Elektrotechnik" und in der seit 1910 bestehenden „Vereinigung der elektrotechnischen Spezialfabriken", beide mit dem Sitz in Berlin, besitzt die Elektro-Spezialindustrie zwei vorzüglich geleitete Organisationen, die mit grossem Geschick und viel Erfolg die wirtschaftlichen Interessen ihrer Mitglieder wahrnehmen. Der zuerst genannte Verein, dessen Hauptaufgabe in der Vertretung der allgemeinen Interessen der deutschen Elektrotechnik bei Festsetzung neuer Zolltarife und beim Abschluss von Handelsverträgen besteht, ist eigentlich durchaus nicht auf die Spezialfabriken beschränkt; die Grossfirmen haben sich aber geflissentlich von diesem Verbande ferngehalten, was bei ihren besonderen Ausfuhrinteressen, worüber weiter unten noch zu sprechen sein wird, auch verständlich ist.

Die „Vereinigung der elektrotechnischen Spezialfabriken" hat es sich in erster Linie zur Aufgabe gemacht, die mit der Struktur der Elektrotechnik noch wenig bekannte Oeffentlichkeit über die Bedeutung und wirtschaftliche Notwendigkeit der elektrotechnischen Spezialindustrie aufzuklären und den Monopolbestrebungen der Grossfirmen entgegenzutreten.

In der Elektro-Maschinenindustrie besteht sodann noch die „Vereinigung deutscher Elektrizitätsfirmen", der zwölf grössere und mittlere Maschinenfabriken angehören. Dieser Verband hat sich wiederholt bemüht, einheitliche Garantie- und Lieferungsbedingungen für elektrische Maschinen zur Durchführung zu bringen, die jedoch keine einheitliche Anwendung gefunden haben.

Als gemeinsame Gründung der Gross- und Spezialfabriken ist ferner noch zu erwähnen die „Geschäftsstelle für Elektrizitätsverwertung" in Berlin, die sich zur Aufgabe gesetzt hat, der grossen Masse der Konsumenten die Möglichkeiten und Vorteile der Verwendung der Elektrizität für Haus und Gewerbe durch volkstümliche Reklame und periodische Ausstellungen vor Augen zu führen. Ferner ist diese Organisation in tatkräftiger Weise den Verkleinerungsversuchen der an der Gasbeleuchtung interessierten Kreise entgegengetreten.

Es sollen zum Schluss noch kurz die Kartell- und Exportfragen der Elektrotechnik betrachtet werden.

Damit Produktion und Absatz von Sachgütern kartelliert werden können, müssen gewisse Voraussetzungen erfüllt sein:

1. Es muss sich um Rohprodukte oder Massenerzeugnisse von bestimmtem, im wesentlichen gleichbleibendem Charakter handeln, die sowohl in ihrer Herstellung, wie in ihren Absatzbedingungen nicht zu grossen Schwankungen unterworfen sind. Diese Erfordernisse sind für viele elektrotechnischen Erzeugnisse erfüllt.

2. Die Kartellierung wird begünstigt, wenn die Art der Betriebe, welche die schützende Kartellform einzugehen gewillt sind, nicht zu sehr voneinander abweicht, und die Interessen im wesentlichen die gleichen sind. Diese Bedingung ist wegen der klaffenden Interessengegensätze zwischen Gross- und Spezialfirmen nicht erfüllt.

3. Eine Bedingung, oder zum mindesten eine starke Anregung für die Kartellierung sind ferner bereits bestehende Rohstoffverbände, von denen der betreffende Industriezweig umgeben, und auf die er bei seinen eigenen Bezügen angewiesen ist. Dies trifft für die Elektrotechnik in hohem Masse zu, denn sie stösst bei den hauptsächlichsten Rohmaterialien, Kohle, Kupfer, Messing, Roheisen, Walzwerksprodukte, Porzellan, Glas, Isoliermittel auf feste Produzenten- und Rohstoffverbände.

4. Für die Lebensfähigkeit eines Kartells ist ferner das Mass des Zollschutzes gegenüber dem Auslande von grosser Bedeutung, damit nicht die ausländische Konkurrenz in das vom Kartell erfasste Wirtschaftsgebiet eindringt, es sei denn, dass es gelingt, die ausländischen Werke zum Beitritt in das Kartell zu bewegen. Bei unseren niedrigen industriellen Schutzzöllen ist aber ständig mit dem Eindringen des Auslandes zu rechnen, wie wir dies gerade in der Gegenwart bei den kartellierten Produkten der Elektrotechnik sehen.

Das Erfordernis des unpersönlichen Massencharakters und der gleichbleibenden Produktionsverhältnisse ist für eine ganze Reihe von elektrotechnischen Erzeugnissen erfüllt, und wir haben gesehen, dass bei gewissen dieser Produkte — Kohlenfadenlampen, isolierten Leitungen, Kabeln, Isolierrohr, elektrotechnischen Porzellanwaren — die Erzeugungs- und Absatzverhältnisse in bestimmter Weise geregelt sind. Auch andere Produkte, wie Metallfadenlampen, Maschinen und Transformatoren kleinerer Leistungen, würden kartellierfähig sein. Eine Verständigung scheitert aber an den grossen Gegensätzen nicht nur zwischen Grossfirmen und Spezialfabriken, sondern auch zwischen den einzelnen Spezialbetrieben untereinander. Nur zu ganz losen Verständigungen über die Erhebung von zeitweiligen Teuerungszuschlägen ist es infolge des hohen Preisstandes der Rohmaterialien in den Jahren 1905 und 1912 gekommen, aber auch diesen Vereinbarungen sind bei weitem nicht alle Betriebe beigetreten, und nach kurzer Zeit ist man, ohne zu einem dauernden Verhältnis zu gelangen, wieder auseinandergegangen.

Wir haben oben schon betont, dass die deutsche elektrotechnische Industrie in hohem Masse auf den Export ihrer Erzeugnisse angewiesen ist; etwa ein Drittel der deutschen elektrotechnischen Produktion wird ausgeführt.

Die folgende Tabelle enthält die Ein- und Ausfuhrzahlen der einzelnen Monate der Jahre 1912 und 1913:

	Gesamt-ausfuhr	Gesamt-ausfuhr	Gesamt-einfuhr	Gesamt-einfuhr
		dem Werte nach in 1000 Mk.		
	1913	**1912**	**1913**	**1912**
Januar	18 944	14 323	938	715
Februar	21 966	17 838	1 007	1 073
März	21 395	17 804	1 056	746
April	19 722	18 143	1 324	950
Mai	19 951	16 570	891	809
Juni	22 796	17 736	940	748
Juli	28 841	16 345	990	849
August	22 480	22 303	1 072	725
September	25 048	20 546	1 238	793
Oktober	26 752	20 788	1 255	1 200
November	29 100	25 301	1 333	892
Dezember...............	33 581	25 605	949	788
	290 576	233 302	12 993	10 288

Der Gesamtwert der elektrotechnischen Ausfuhr erreichte also im Jahre 1913 rund 290 Millionen Mark gegen rund 233 Milionen Mark im Vorjahre und 208 Millionen Mark im Jahre 1911; er übersteigt also den Ausfuhrwert von 1912 um etwa 57 Millionen Mark, den von 1911 um etwa 80 Millionen Mark. Wir müssen allerdings dabei berücksichtigen, dass das Ausfuhrgeschäft im letzten Jahre besonders forziert worden ist, um für den nachlassenden Bedarf des Inlandes einen Ausgleich zu schaffen.

Die Gesamtgewichtsmenge der ausgeführten elektrotechnischen Waren belief sich im Jahre 1913 auf etwa 1,650 Millionen dz gegen 1,448 Millionen dz im Jahre 1912.

Die elektrotechnische Einfuhr spielt gegenüber diesen Ziffern nur eine unbedeutende Rolle.

In der folgenden Tabelle sind die Ausfuhrzahlen der wichtigsten elektrotechnischen Erzeugnisse für die Jahre 1912 und 1913 zusammengestellt:

		Betrag	
Erzeugnisse	Jahr	Menge dz	Wert 1000 Mk.
Dynamomaschinen, Elektromotoren, Umformer, Transformatoren und Drosselspulen	1913	418 824	64 403
	1912	401 078	59 042
Elektrizitätssammler und Ersatzplatten ...	1913	64 522	5 737
	1912	97 200	7 264

Erzeugnisse	Jahr	Betrag	
		Menge dz	Wert 1000 Mk.
Kabel	1913	475 906	39 268
	1912	400 790	32 263
Bogen-, Quecksilberdampf- Quarz- u. dergl. Lampen, vollständige Gehäuse für diese mit Glasglocken, Scheinwerfer und Reflektoren	1913	9 630	5 251
	1912	9 427	4 362
Metallfaden- und Drahtlampen, Kohlenfaden-, Nernst- und andere Glühlampen	1913	23 563	48 391
	1912	23 153	50 384
Starkstromapparate	1913	2 15 534	74 047
	1912	158 975	42 337
Elektrische Mess-, Zähl- und Registriervorrichtungen	1913	33 207	24 230
	1912	26 478	19 979
Elektrische Heiz- und Kochapparate	1913	3 303	1 675
	1912	2 318	1 310
Elektrotechnische Isolationsgegenstände aus Asbest, Asbestpappe, Glimmer, Mikanit	1913	2 601	1 126
	1912	1 669	722
Isolierrohre für elektrische Leitungen nebst Verbindungsstücken............	1913	42 320	3 266
	1912	31 741	2 569
Draht, überzogen, umwickelt, umsponnen, umflochten	1913	83 944	21 721
	1912	71 154	17 290
Kohlen für elektrotechnische Zwecke	1913	131 149	12 119
	1912	111 308	10 832
Isolatoren aller Art aus Porzellan	1913	96 861	6 440
	1912	73 016	4 800
Unvollständig angemeldete elektrotechnische Erzeugnisse	1913	776	465
	1912	1 929	1 102

Es wäre aber weit gefehlt, aus diesen Zahlen auf günstige Exportverhältnisse der elektrotechnischen Spezialindustrie zu schliessen. Es ist zu bedenken, dass ein grosser Teil des Exportes von Maschinen, Transformatoren, Kabeln und Akkumulatoren zur Deckung des Bedarfes der ausländischen Betriebsgesellschaften der beiden Konzerne dient; selbst bei ungünstigen Exportverhältnissen nach den betreffenden Ländern wird aber dieser Anteil nicht verschwinden, da die Tochterunternehmungen gezwungen sind ihren Bedarf beim Mutterhaus zu decken. Es ist also nicht angängig, aus den günstigen Exportziffern der gesamten Elektroindustrie ohne weiteres auf günstige Exportverhältnisse der Spezialindustrie zu schliessen. Bei der Vorbereitung neuer Handelsverträge darf dieser Punkt nicht übersehen werden.

Wir haben ferner ausgeführt, dass die Grossfirmen in den Hauptexportländern eigene Fabrikationsstätten unterhalten, oder in gewissen Produkten, wie z. B. Metallfadenlampen, durch Lizenzverträge oder sonstige Abkommen dem Auslande gegenüber gebunden sind. Es müssen sich also bei handelspolitischen Massnahmen den in Betracht kommenden Ländern gegenüber innerhalb der elektrischen Industrie Interessengegensätze ergeben, und die Regierung kann in arge Verlegenheit geraten. Auf der einen Seite wird von ihr verlangt, dass sie die Interessen des in den ausländischen Werken angelegten Inlandkapitals berücksichtigt, das einen höheren Zollschutz der deutschen Einfuhr gegenüber fordert; auf der anderen Seite soll die Regierung durch Erreichung möglichst niedriger Zollsätze die Ausfuhr der deutschen elektrotechnischen Produktion zu erleichtern suchen.

Trotz der seit dem 1. März 1906 erhöhten Zollsätze der Hauptexportländer ist die Ausfuhr bedeutend angewachsen; das hängt aber mit dem gewaltigen wirtschaftlichen Aufschwung der ganzen Welt in den verflossenen sieben Jahren zusammen, sowie ferner mit den grossartigen Fortschritten der Elektrotechnik, die gerade in diese Epoche fallen. Inzwischen sind aber überall im Ausland eigene elektrische Industrien entstanden oder im Entstehen begriffen, und bei den demnächstigen Verhandlungen wegen Erneuerung der Handelsverträge werden wir überall den Einfluss der erstarkten nationalen elektrischen Industrien zu spüren bekommen, die sich durch erhöhte Zölle gegen die deutsche Einfuhr nach Möglichkeit abschliessen werden. Die Exportaussichten der deutschen Elektroindustrie sind also durchaus keine rosigen.

f) Schlussbetrachtungen.

Unsere Studie, die auf Vollständigkeit keinen Anspruch macht, hat wohl genügend den bedeutsamen Anteil der Elektro-Spezialindustrie an der gesamten elektrotechnischen Produktion, den von jeher in ihren Kreisen herrschenden regen, wissenschaftlichen Geist und ihre fortschrittlichen Bestrebungen beleuchtet.

Ihre Grenzen sind der elektrotechnischen Spezialindustrie nicht durch Schranken technischer, sondern lediglich kapitalistischer Natur gezogen; nur durch den Hintergrund ihrer Finanzierungs- und Trustgesellschaften und durch ihre Verbindung mit dem internationalen Grosskapital hat die Elektro-Grossindustrie gewisse Zweige monopolisieren können, aber es besteht wohl kein Zweifel, dass unsere leistungsfähige Spezialindustrie auch die ganz grossen Objekte durchaus einwandfrei und zu wettbewerbfähigen Preisen herstellen könnte, wenn sie nur Absatzgelegenheit hätte.

Es unterliegt wohl keinem Zweifel, dass Beschränkung auf einen Spezialzweig, also Konzentration aller Willenskräfte auf einen Punkt, der Vielseitigkeit technisch-wirtschaftlicher Betätigung vorzuziehen ist; der Spezialist vermag sich neuen Verhältnissen leichter und schneller anzupassen, er wird deshalb in vielen Fällen zum Träger des Fortschrittes. Dieser Satz, dessen Gültigkeit wir im praktischen Leben auf Schritt und Tritt bestätigt finden, gilt nun ganz besonders für die Elektrotechnik, denn hier ist jeder der vielen Spezialzweige wieder in sich so verzweigt, hier bringt jeder Tag so viele Neuerungen und Ueberraschungen, dass nur der Spezialist, der aufmerksam die sich ungeheuer schnell abspielende Entwicklung verfolgt, technisch und wirtschaftlich das höchste zu leisten vermag. Man wird dagegen einwenden, dass die Gesamtfabrikation der Grossfirmen ebenfalls in Einzelbetriebe aufgelöst ist, die den Charakter von Sonderfabriken haben, und die, ganz von ihrem Spezialzweig erfüllt, dieselben Leistungen hervorbringen werden, wie die selbständige Sonderindustrie. Gewiss, das soll nicht bestritten werden. Aber es ist doch ein gewisser Unterschied, ob es sich um die Fabrikationsabteilung einer Grossfirma handelt, deren technische und wirtschaftliche Sonderbestrebungen sich dem Gesamtorganismus unterzuordnen haben, oder ob eine freie Spezialindustrie, allein auf ihre eigenen Kräfte angewiesen, ihre Erzeugnisse ohne die mächtige finanzielle Hülfe eines hinter ihr stehenden Konzerns auf den freien Markt bringen und alles aufbieten muss, um im Daseinskampfe zu bestehen. Allein auf sich gestellt, müssen die Spezialfabriken um jeden Auftrag auf dem freien Markt kämpfen.

Das sind Momente, die unbedingt anregend auf die erfinderische Tätigkeit, auf die Anspannung aller Kräfte zur Erreichung der höchsten qualitativen Leistungen wirken müssen.

Die Selbständigkeit der einzelnen Fabrikationsabteilungen der Elektro-Grossfirmen geht übrigens nur bis zu einem gewissen Punkt. Bei grundlegenden Neuerungen, Einführung neuer Arbeitsmethoden, Erwerbung von Patenten, Ausdehnung der Fabrikation, sind die Abteilungen von den Entschlüssen der Generaldirektion abhängig, die aber vielfach ihre Entscheidungen nicht vom Standpunkt der Technik und Wissenschaft aus fällen, sondern sich von Erwägungen ganz anderer Natur leiten lassen wird. Die Spezialfabrik hingegen ist vermöge ihrer Spezialisierung beweglicher und freier in ihren Entschliessungen, sie wird sich jede Neuerung, jede Verbesserung schnell zu eigen machen und dadurch häufig eine Pioniertätigkeit ausüben.

Im einzelnen wird natürlich der Nachweis, dass die elektrotechnische Spezialindustrie häufig die Trägerin des Fortschrittes gewesen ist, nicht immer geführt werden können; denn abgesehen von patentierten Erfindungen, deren Anwendung ausschliesslich den Erfindern vorbehalten ist, werden die Fortschritte der Technik bald Allgemeingut, und es ist später nicht immer nachzuweisen, von wem die ersten Anregungen ausgegangen sind.

Das finanzielle Ergebnis der Teilfabriken der Grossfirmen ist nur e i n Faktor ihres Gesamtresultats. Das Wohl und Wehe der Spezialfabrik dagegen hängt allein von ihrer technischen und wirtschaftlichen Leistungsfähigkeit ab; bleiben die Erfolge aus, dann ist es eine Lebensfrage für das Spezialunternehmen, sofort alles aufzubieten, um die Betriebsökonomie zu verbessern. Der geschäftliche Erfolg der Teilbetriebe der Konzerne braucht nicht immer identisch zu sein mit dem des Gesamtbetriebes; es ist der Fall denkbar, dass gewisse Spezialerzeugnisse vorübergehend der allgemeinen Geschäftspolitik geopfert werden; dieser Fall tritt z. B. ein, wenn ein unbequemer Aussenseiter bekämpft werden soll.

Auf denjenigen Spezialgebieten, wo das quantitative Moment der Massenerzeugung hinter dem qualitativen der höchsten technischen Leistung zurücktritt — Hochspannungsapparate, Messinstrumente, Bogenlampen, Metallfadenlampen u. s. w. — haben die reinen Sonderfabriken einen besonders grossen Anteil an den Fortschritten; teilweise ist sogar die Geschichte dieser Erzeugnisse mit gewissen Spezialfabriken aufs engste verknüpft. Es ist ja auch einleuchtend, dass hohe qualitative Leistungen nur durch Spezialisierung hervorgebracht werden können; nicht allein Kapital und Machtfülle, sondern die individuelle Hingabe an das Sonderfach, die Konzentration aller wirtschaftlichen und technischen Kräfte auf ein Ziel, sind für den Erfolg entscheidend.

Eine Folge der Spezialisierung ist auch die prompte den Spezialfabriken hierdurch ermöglichte Bedienung ihrer Kundschaft. Trotz der bei den Grossfirmen durchgeführten weitgehenden Dezentralisation machen sich die Folgen des gewaltigen und komplizierten Verwaltungsapparates auf Schritt und Tritt bemerkbar. Den einzelnen

Spezialabteilungen der Grossfirmen kann aus Gründen der Organisation nicht die Freiheit zugestanden werden, direkt mit der Kundschaft zu verkehren; der Geschäftsverkehr wickelt sich vielmehr durch Vermittlung der Zentralverwaltung ab, wodurch sehr viel Zeit verloren geht, was sich besonders bei Rückfragen und Reklamationen unliebsam bemerkbar macht. Auch die persönliche Fühlung zwischen Fabrikant und Abnehmer leidet durch die Einschiebung eines solchen Verwaltungskörpers mit bürokratischem Charakter. Die Spezialfabrik hingegen verkehrt ohne schwerfällige Zwischenglieder direkt mit der Kundschaft und kann sich daher ihren besonderen Wünschen viel besser anpassen. Diese grossen Vorzüge im Geschäftsverkehr werden von den Verbrauchern mehr und mehr geschätzt und haben der elektrotechnischen Spezialindustrie in den letzten Jahren viel neue Kunden zugeführt.

Die elektrotechnische Spezialindustrie wirkt ferner der Zusammenballung der Elektroindustrie an wenigen Orten entgegen und erfüllt somit eine soziale Aufgabe. An drei Plätzen, in Gross-Berlin, Nürnberg und Frankfurt am Main stehen über 100 000 Angestellte im Dienste der Elektro-Grossindustrie, während etwa 75—80 000 Angestellte der Spezialindustrie über das ganze Reich verteilt sind; der Sitz der Spezialfabriken befindet sich teilweise in kleinen und kleinsten Orten von Thüringen, Sachsen, Westfalen und Rheinland.

Das Vorhandensein einer leistungsfähigen und starken elektrotechnischen Sonderindustrie schafft auch einen gewissen Gleichgewichtszustand und wirkt Ueberspannungen der Kräfte entgegen; Monopolbestrebungen, wie sie im Gefolge von kapitalistischer und industrieller Konzentration nur allzuleicht auftreten, und in der Elektro-Industrie in der Tat schon mehrfach aufgetreten sind, werden sich angesichts der heutigen bedeutenden und durchaus gefestigten Stellung der Spezialindustrie niemals durchsetzen können.

Uebrigens hat der natürliche Gang der Entwicklung, wie wir dies schon oben ausgeführt haben, den beiden Konzernen auf gewissen Fabrikationsgebieten bereits Monopole verschafft. Elektrische Strassen- und Vollbahnen werden nach Ausschaltung des Wettbewerbs von Lahmeyer und Bergmann nur noch von der A. E. G. und den S. S. W. gebaut, denen auch die bedeutenden Ersatzlieferungen für die bestehenden Bahnen fast konkurrenzlos zufallen. Infolge dieser Monopolstellung stehen die Grossfirmen in sehr engem Verhältnis zu den Bahnverwaltungen, deren leitende Beamte zudem fast sämtlich aus ihren Kreisen hervorgegangen sind. Wir haben ferner bereits erwähnt, dass der Grossmaschinen- und Turbomaschinenbau, sowie der Bau der grossen Zentralstationen ein faktisches Monopol der Elektro-Konzerne bildet. Weite Kreise der Industrie werden ferner von den Grossfirmen durch Vermittlung der verbündeten Banken beherrscht.

Auch der Reichstag beschäftigte sich am 16. März 1911 mit der Monopolwirtschaft der elektrotechnischen Grossfirmen, und der Abgeordnete O e s e r führte folgendes dazu aus:

„Das ist eine Entwicklung, die wir nicht hemmen können, die
„in der Natur der Verhältnisse liegt, und die gewisse Vorzüge be-
„sitzt, weil die grossen Unternehmungen, die der elektrotech-
„nischen Branche bevorstehen, ausgeführt werden müssen durch
„grosse kapitalkräftige Firmen, aber andererseits auch eine Ent-
„wicklung, die ausserordentlich grosse Bedenken gegen sich hat,
„weil hier eine ungeheuere wirtschaftliche Macht in eine Hand
„gelegt ist und leicht zum ausschliesslichen Nutzen einzelner Kreise,
„aber zum Schaden der Allgemeinheit benutzt werden kann. Wir
„stehen vor der Elektrisierung der Eisenbahn, und da ist es nicht
„gleichgültig, ob wir die Möglichkeit haben, zwischen diesem und
„jenem Unternehmer zu wählen, oder gezwungen sind, ein rein
„kapitalistisches Grossgebilde als ausschliesslichen Bewerber an-
„zunehmen."

Die Tätigkeit der Elektro-Konzerne greift aber auch schon in andere Gebiete des Maschinenbaues über. Es werden z. B. in den letzten Jahren als Massenfabrikate elektrisch betriebene Pumpen- und Kompressoren-Aggregate, Hebevorrichtungen, Werkzeugmaschinen u. s. w. hergestellt, sodass auch der allgemeine Maschinenbau Veranlassung hat, hiergegen Stellung zu nehmen. Die „Kölnische Zeitung" führt über diese Verhältnisse am 13. Juli 1911 folgendes aus:

„Aber nicht allein die eigentlichen Verbraucher von elektrischen
„Maschinen sehen gefahrvollen Zeiten entgegen, sondern in viel
„höherem Masse sind es gewisse Gruppen von Maschinenfabriken,
„die für den Verkauf ihrer Fabrikate elektrische Maschinen zum
„Wiederverkauf nötig haben, wie z. B. Maschinenfabriken, die
„Pumpen, Hebezeuge, Dampfturbinen, rotierende Gebläse, Kom-
„pressoren u. s. w. bauen. Es ist bekannt, dass die Elektrizitäts-
„grossfirmen für derartige Maschinen schon jetzt Selbstfabrikanten
„sind, oder doch mit je einer bestimmten entsprechenden Maschinen-
„fabrik in den engsten Beziehungen stehen. Sobald sich die Mono-
„polbestrebungen in der Elektro-Maschinen-Industrie verwirklicht
„haben, sind sämtliche Spezial-Maschinenfabriken, die ähnlich

„wie die obengenannten auf den Bezug und Wiederverkauf von
„elektrischen Maschinen angewiesen sind, der Vernichtung preis-
„gegeben, da die Elektrizitätsgrossfirmen die Preisstellung für die
„Gesamtlieferung in der Hand haben. Es sind also nicht nur die
„Verbraucher und Abnehmer der Elektrizitätsindustrie, die durch
„diese Entwicklung bedroht werden, sondern auch die Maschinen-
„fabriken."

Die Spezialindustrie mit ihrer reichgegliederten Produktion und
ihrer vorwiegend intellektuellen Tätigkeit bildet einigermassen ein Gegen-
gewicht gegenüber den auf Erlangung von Monopolen gerichteten Bestrebungen der Konzerne und verhindert schädliche Ueberspannungen
dieser Tendenzen. Die Spezialfabriken ermöglichen ferner denjenigen
Verbrauchern, welche die Schädlichkeit der Monopolwirtschaft erkannt
haben und womöglich am eigenen Leibe verspüren, also den übrigen
industriellen Betrieben mittlerer Grössenordnung, den Installateuren
und Grossisten, ihren Bedarf an elektrotechnischen Erzeugnissen bei
Lieferanten zu decken, die ihnen wirtschaftlich nahe stehen; auf diese
Weise unterstützen sich die naturgemäss aufeinander angewiesenen Kreise
in wirksamster Weise.